装配式建筑系列新形态教材

# 装配式混凝土建筑施工

侯新宇　姜国庆　主编

清华大学出版社
北京

## 内容简介

本书立足于培养高素养建筑工程技术技能人才的需求，以当下国家大力推进装配式施工技术为背景，依据与装配式建筑施工有关的现行标准和规范，经过高等院校、高职高专院校以及工程行业企业代表的广泛研究与探讨，吸收国内外装配式施工技术教材的优点，系统阐述了装配式混凝土的施工要点。本书内容包括装配式建筑概念、装配式混凝土结构和预制构件及其施工准备、安装流程和安装质量验收等。

本书可以作为高等院校、高职高专院校土建相关专业装配式技术和施工的教材，也可供建筑工程相关从业人员继续教育和自主学习使用。

**本书封面贴有清华大学出版社防伪标签，无标签者不得销售。**
**版权所有，侵权必究。举报：010-62782989，beiqinquan@tup.tsinghua.edu.cn。**

**图书在版编目(CIP)数据**

装配式混凝土建筑施工/侯新宇，姜国庆主编. —北京：清华大学出版社，2023.5
装配式建筑系列新形态教材
ISBN 978-7-302-62891-0

Ⅰ. ①装… Ⅱ. ①侯… ②姜… Ⅲ. ①装配式混凝土结构－混凝土施工－教材 Ⅳ. ①TU755

中国国家版本馆 CIP 数据核字(2023)第 038130 号

**责任编辑**：杜 晓
**封面设计**：曹 来
**责任校对**：李 梅
**责任印制**：宋 林

**出版发行**：清华大学出版社
**网 址**：http://www.tup.com.cn，http://www.wqbook.com
**地 址**：北京清华大学学研大厦 A 座 **邮 编**：100084
**社 总 机**：010-83470000 **邮 购**：010-62786544
**投稿与读者服务**：010-62776969，c-service@tup.tsinghua.edu.cn
**质量反馈**：010-62772015，zhiliang@tup.tsinghua.edu.cn
**课件下载**：http://www.tup.com.cn，010-83470410
**印 装 者**：三河市龙大印装有限公司
**经 销**：全国新华书店
**开 本**：185mm×260mm **印 张**：10 **字 数**：226 千字
**版 次**：2023 年 5 月第 1 版 **印 次**：2023 年 5 月第1 次印刷
**定 价**：49.00 元

---

产品编号：095687-01

# 本书编写人员名单

**主　编：**

侯新宇　姜国庆

**参　编：**

尚　磊　吴　翼　周　波　苏建波　刘建石

丁　侃　林　军　刘　鑫　刘为平　景晶晶

钱夏清　陈子璇　鲁开明　黄　锐　张　俊

张　怡　逯绍慧　苏　斌　曹春梅

**主　审：**

沈中标

# 前 言

党的二十大报告指出:“推动经济社会发展绿色化、低碳化是实现高质量发展的关键环节。”住房和城乡建设部《“十四五”建筑业发展规划》提出，大力发展智能制造和装配式建筑，不断提升构件标准化水平，形成完整产业链，从追求高速增长转向追求高质量发展。装配式建筑是指建筑主要部分采用预制部品部件在工地装配而成的建筑，主要包括装配式混凝土结构、钢结构和现代木结构等。装配式建筑具有节约资源能源、减少施工污染、提高生产效率和质量安全水平等优良特征，是我国传统建筑业供给侧改革和转型升级的关键方向和重要举措。其中，装配式混凝土结构由于使用范围广、工程量大，成为现代建筑业关注的焦点。

为推动我国建筑业转型升级、提高装配式建筑比例，国务院办公厅印发了国办发〔2016〕71 号文件《国务院办公厅关于大力发展装配式建筑的指导意见》(以下简称《意见》)。《意见》指出以京津冀、长三角、珠三角三大城市群为重点推进地区，常住人口超过 300 万的其他城市为积极推进地区，力争用 10 年左右的时间，使装配式建筑占新建建筑面积的比例达到 30%。同时，各相关部委和各地政府也相继出台了一系列配套方案和指南，进一步促进《意见》相关任务的具体落实。为贯彻落实《意见》精神，积极推进高等院校和高职高专院校土建类专业开设装配式建筑相关课程，构建新型立体化的装配式建筑人才培养体系，从根本上解决市场人才紧缺的现实问题，江苏开放大学和南京建工集团依托江苏省住房与城乡建设厅科技项目，聚焦装配式混凝土结构施工技术开展教材编写工作。

本书紧紧围绕装配式混凝土建筑施工需要，在明确装配式混凝土的定义和预制构件组成的基础上，系统阐述施工准备、现场安装和质量验收的技术要点，形成与施工工艺流程对应的过程性知识。本书编写组包括教学经验丰富的教师与装配式建筑工程实践经验丰富的企业技术人员。通过高校与企业、教学与生产的密切结合，在掌握较多的装配式建筑最新知识与技术的基础上，编写组总结归纳成系统性的知识架构，强化了本书的质量保障。

本书由江苏开放大学侯新宇和南京建工集团姜国庆担任主编。参与本书编写的人员有：江苏开放大学林军、刘鑫、刘为平、景晶晶、钱夏清、陈子璇等，南京建工集团尚磊、周波、苏建波、鲁开明、黄锐、张俊、张怡、逯绍慧、苏斌、曹春梅等，南京市建筑工程质量安全监督站吴翼，南京安居建设集团有限责任公司刘建石、丁侃等。本书由南京市建筑工程质量安全监督站沈中标主审。

本书在编写过程中参考了许多专家、学者在教学、科研、设计和施工中积累的经验和资料，在此深表谢意。由于编者水平有限，时间仓促，疏漏和不妥之处在所难免，敬请广大读者批评、指正。

编　者

2023 年 1 月

# 目 录

# 第1章 装配式混凝土建筑结构

## 1.1 装配式建筑

装配式建筑是指建筑主要部分采用预制部品部件通过可靠连接方式建造的建筑。装配式建筑有两个主要特征:①构成建筑的主要构件特别是结构构件是预制的;②预制构件的连接方式必须可靠。按照国家标准《装配式混凝土建筑技术标准》(GB/T 51231—2016)(以下简称《装标》)的定义,装配式建筑是“结构系统、外围护系统、内装系统、设备与管线系统的主要部分采用预制部品部件集成的建筑。”该定义强调装配式建筑是4个系统(而不仅仅是结构系统)的主要部分采用预制部品部件集成。

装配式建筑的部分或全部构件在工厂预制完成,然后运输到施工现场,将构件通过可靠的连接方式加以组装建成建筑产品,主要有装配式混凝土结构、装配式钢结构、装配式木结构3种结构形式。装配式建筑除应满足标准化设计、工厂化生产、装配化施工、一体化装修、信息化管理和智能化应用等装配式混凝土建筑施工发展特点及全产业链工业化生产要求外,还应满足建筑全寿命周期运营、维护、改造等方面的要求。

我国预制混凝土结构的研究和应用始于20世纪50年代,直到80年代,预制混凝土结构在工业与民用建筑中才有了比较广泛的应用。90年代以后,由于种种因素,预制混凝土结构的应用尤其是在民用建筑中的应用逐渐减少,是一个相对低潮的阶段。近年来,由于节能减排的要求,以及劳动力价格大幅度上涨等因素影响,预制混凝土构件的应用开始走出低谷,呈现迅速上升的趋势。国内预制装配式混凝土结构体系的应用也呈现出上升趋势,并且都采用了先进的工业化、机械化生产技术。

装配式建筑具有工业化水平高、便于冬期施工、减少施工现场湿作业量、减少材料消耗、减少工地扬尘和建筑垃圾等优点,有利于实现提高建筑质量、提高生产效率、降低成本、节能减排和保护环境的目的。基于BIM技术的全链条信息化管理,实现了设计、生产、施工、装修和运营维护的协同。发展装配式建筑是建筑行业意义重大的变革,而技术体系和标准规范是引领这场变革的重要技术支撑。

### 1.1.1 装配式建筑分类

#### 1. 按结构材料分类

装配式建筑按结构材料分类,有装配式钢结构建筑、装配式混凝土结构建筑、装配式轻钢结构建筑、装配式木结构建筑和装配式复合材料建筑(钢结构、轻钢结构与混凝土结构结合的装配式建筑)等。以上几种装配式建筑都是现代建筑,古典装配式建筑按结构材料分类有装配式石材结构建筑和装配式木结构建筑。

**2. 按建筑高度分类**

装配式建筑按高度分类，有低层装配式建筑、多层装配式建筑、高层装配式建筑和超高层装配式建筑。

**3. 按预制率分类**

装配式建筑按预制率分类，有超高预制率（70％以上）、高预制率（50％～70％）、普通预制率（20％～50％）、低预制率（5％～20％）和局部使用预制构件（0％～5％）五种类型。

**4. 按混凝土结构体系分类**

装配式建筑包含的结构类型主要有装配整体式框架结构、装配整体式剪力墙结构、装配整体式框架-剪力墙结构、多层全装配式混凝土墙-板结构和装配式钢结构集成模块化体系等。

1）框架结构

框架结构是由柱子、梁为主要构件组成的承受竖向和水平作用的结构。框架结构是空间刚性连接的杆系结构，其预制构件主要有预制柱、预制梁、预制楼板等。但由于框架结构的柱网尺寸较大，使预制柱、预制梁的质量过大。因此需根据运输道路情况、吊装条件、经济成本等多方面因素综合确定预制构件。

装配整体式混凝土框架结构因其突出的特点和优势，是应用非常广泛的装配式结构体系，特别是在日本、欧美国家。日本更信任柔性抗震，尤其是混凝土框架结构经历了地震的考验，日本高层、超高层的建筑设计寿命大多数是100年或100年以上，房屋的土地又是永久产权，框架结构因为空间布局的灵活性，可以使不同时代、不同年龄段的居住者根据需要和喜好进行户内布置调整。日本住宅往往都是精装修，而且其框架结构都是较大跨结构，普遍达到12m，凸梁凸柱的影响几乎不存在；框架结构的管线布置比较方便。从以上也可以略窥装配整体式混凝土框架结构的特点所在。

我国装配整体式混凝土框架结构主要用于学校、医院、办公楼、停车场、商场等多层或小高层的公共建筑，很少用在住宅中，其原因主要还是抗震的理念，凸梁凸柱损失实用面积、影响观瞻和不方便室内布置等。但随着隔震减震技术的提升和普及，住宅精装修的推广应用，装配整体式混凝土框架结构在住宅中的应用前景将非常广阔。

概括来讲，装配整体式混凝土框架结构固有优势和特点有以下几方面：①装配整体式混凝土框架结构等同现浇，而现浇混凝土框架结构传力途径清晰简洁，其计算分析理论比较成熟；②相比剪力墙结构，框架结构的梁、柱单元更加易于模数化、标准化和定型化，有利于统一的模具在工厂进行流水线制造；③装配式框架结构易于形成大空间，便于满足建筑功能和生产工艺的需要；④空间布置灵活，用户体验较为丰富，可以根据需求调整内部空间，水暖电等管线布置较为方便；⑤预制构件之间连接形式多样，连接节点较简单，种类较少，有利于在现场进行机械化、高效率吊装，构件连接的可靠性容易得到保证；⑥等同现浇的设计理念容易实现；⑦装配式框架结构的单个构件质量较小、吊装方便，对现场起重设备的起重量要求不高；⑧可以根据具体情况制订预制方案，结合外墙板、内墙板、预制楼板及预制楼梯等应用，较容易实现高预制率。可以说，装配整体式混凝土框架结构在建筑工业化进程中，具有得天独厚的推广应用优势。但装配整体式混凝土框架结构最主要的问题是高度受到限制。按照我国现行规范，现浇混凝土框架结构，无抗震设计时最大建筑适用高度为 70m，有抗震设计时根据抗震设防烈度不同，最大建筑高度为 35～60m，而装配整体式混凝土框架结构的适用高度与现浇结构基本一致，只是在高烈度区 8 度(0.3g)地震设防时低了 5m。

2）剪力墙结构

剪力墙结构是由剪力墙组成的承受竖向和水平作用的结构。剪力墙和楼盖一起组成空间体系。剪力墙结构没有梁柱凸入室内空间的问题，但墙体的分布使空间受到限制，无法形成较大空间，因此多用于住宅、宿舍和旅馆等隔墙较多的建筑。就装配式而言，剪力墙结构具有十分明显的优势和适用性，目前我国采用装配式混凝土建筑多为混凝土剪力墙结构。

在国内，装配整体式混凝土剪力墙结构的应用刚刚起步，因地产行业的盛行，该结构在实际住宅建筑中应用普遍，但相关的试验和研究却相对滞后。因此，无论是《装配式混凝土结构技术规程》(JGJ 1—2014)，还是《装配式混凝土建筑技术标准》(GB/T 51231—2016)，对该体系的规范和要求都很谨慎，明确以等同现浇为原则，通过湿式连接的方式加强预制构件之间的连接，强化拼缝的构造措施，使结构性能达到与现浇结构基本相同的目标，同时基于现行的现浇混凝土规范从严控制。

装配整体式混凝土剪力墙结构主要预制构件包括全预制或叠合式的墙板、楼板、连梁、阳台板、空调板以及楼梯等，各构件间通过受力钢筋连接或现浇混凝土连接形成"等同现浇"的整体结构，有效地保证了结构的整体性能和抗震性能，其主要特点有：①将预制构件拆分成以板式构件为主、平板式构件较多，以适于流水线制作工艺，有利于实现自动化生产；②构件在工厂制作，比现浇质量更有保证，板式预制件模具成本相对较低；③装配整体式混凝土剪力墙结构可大大提高结构尺寸的精度和住宅的整体质量；④减少了模板和脚手架作业，提高了施工安全性；⑤外墙保温材料和结构材料复合一体工厂化生产，节能保温效果明显，保温系统的耐久性得到极大提高；⑥石材反打或者瓷砖反打，节省了干挂石材工艺的龙骨费用，也省去了外装修环节，缩短了工期，瓷砖的黏结力大大提高，减小了脱落率；⑦装配整体式混凝土剪力墙结构的构件通过标准化生产，土建和装修一体化设计，减少浪费；⑧户型标准化，模数协调，房屋使用面积相对较高，节约土地资源；⑨采用装配式建造，减少现场湿作业，降低施工噪声和粉尘污染，减少建筑垃圾和污水排放；⑩剪力墙作为主要的竖向和水平受力构件，在对剪力墙板进行预制时，可以得到较高的预制率。

3）框架-剪力墙结构

框架-剪力墙结构是由柱、梁和剪力墙共同承受竖向和水平作用的结构。在框架结构中增加了剪力墙，弥补了框架结构侧向位移较大的缺点，且只在部分位置设置剪力墙，保留了框架结构体系空间布置灵活的优点。因此，框架-剪力墙结构具有良好的适用性。

装配式框架-剪力墙结构是目前我国广泛应用的一种结构体系，在《装配式混凝土结构技术规程》(JGJ 1—2014)中明确规定，考虑目前的基础研究，建议剪力墙采用现浇结构，以保证结构整体的抗震性能。因此，现阶段这种结构主要以装配整体式框架-现浇剪力墙结构(简称“装配式框架-现浇剪力墙结构”)为主。

装配式框架-现浇剪力墙结构体系中,框架柱全部或部分预制,剪力墙全部采用现浇。一般情况下,楼盖采用叠合板,梁采用预制,柱可以预制也可以现浇,剪力墙为现浇墙体,梁柱节点采用现浇。预制构件一般有墙(非剪力墙)、柱、梁、板、楼梯等。结构性能与现浇框架等同,整体结构使用高度与现浇的框架-剪力墙结构高度相同。装配式框架-现浇剪力墙结构既有框架结构布置灵活、使用方便的特点,又有较大的刚度和较强的抗震能力,因此可广泛用于高层建筑中。

当装配式框架-现浇剪力墙结构中框架柱也采用现浇时,即所有竖向受力构件现浇、水平构件叠合,这种结构可参考传统现浇混凝土结构的相关标准和规范。由于该结构的可靠性及可实施性较高,故被大规模应用。这种体系的优点在于未改变传统混凝土建筑的结构,能适用现浇混凝土相关的规范,抗震性能好,预制构件标准化程度较高,预制柱、梁构件和楼板构件均为水平构件,生产、运输效率较高。

4) 多层全装配式混凝土墙-板结构

多层全装配式混凝土墙-板结构是指全部的墙、板均采用预制构件,通过可靠的连接方式进行连接。这种结构中预制混凝土墙、板作为竖向承重及抗侧力构件,预制混凝土楼板作为楼盖,施工现场采用干式工法施工。

多层全装配式混凝土墙-板结构的连接方式以盒式连接应用最多。盒式连接是通过预埋在墙板内伸出的预留螺纹钢筋或螺栓套筒与相邻墙板预埋连接盒子中的螺栓连接,之后在连接盒子内填充混凝土,主要用于多层建筑。

我国多层全装配式混凝土墙-板结构是在高层装配整体式剪力墙结构基础上进行简化,并参照原行业标准《装配式大板居住建筑设计与施工规程》(JGJ 1—1991)的相关节点构造,制定的一种主要用于多层建筑的装配式结构。该结构体系构造简单、施工方便、成本低,可在城镇地区多层住宅中推广使用。其预制墙板采用后浇混凝土湿连接,楼板采用叠合楼板,同样属于装配整体式结构类型。多层全装配式混凝土墙-板结构跨度总体较小,室内平面布置的灵活性较差,目前正在向大开间方向发展。

5) 装配式钢结构集成模块化体系

装配式钢结构集成模块化体系是一种标准化、工业化、模块化生产的新型房屋体系。以方钢、角钢、金属连接件为主体结构,围护体系采用模压成型插口式装饰一体盒板。主体框架通过螺栓连接,安拆快捷高效,可以像堆积木一样,通过自由拼装组合成各种不同的房屋类型。

装配式钢结构集成模块化体系的特点是:①符合国家当前推广装配式、发展钢结构建筑的方针政策;②这种体系单位面积自重轻,约为传统钢混结构的 1/3;③绿色环保,每个建筑模块均可整体拆卸循环使用;④现场施工周期短,约为传统建造方式的 30%;⑤建筑模块适合海运、公路联运;⑥可以和任何建筑外墙材料连接,包括玻璃幕墙、铝板和大理石板等;⑦生产能力强,可实现“在车间流水线上制造房子”的目标;⑧建筑应用类型广,可定制设计建造,广泛应用于公寓、酒店、学生宿舍、商业办公等永久性建筑。

### 1.1.2 装配式混凝土建筑

装配式混凝土结构是指由预制混凝土构件通过可靠的连接方式装配而成的混凝土结构，包括装配整体式混凝土结构、全装配混凝土结构等。在建筑工程中，简称装配式建筑；在结构工程中，简称装配式结构。

按照《装标》的定义，装配式混凝土建筑是指"建筑的结构系统由混凝土部件（预制构件）构成的装配式建筑"。

（1）装配整体式混凝土结构。装配整体式混凝土结构的定义是："由预制混凝土构件通过可靠的方式进行连接并与现场后浇混凝土、水泥基灌浆料形成整体的装配式混凝土结构。"简言之，装配整体式混凝土结构的连接以"湿连接"为主。装配整体式混凝土结构具有较好的整体性和抗震性。目前，大多数多层和全部高层装配式混凝土建筑是装配整体式结构，有抗震要求的低层装配式建筑也多采用装配整体式结构。

（2）全装配混凝土结构。全装配混凝土结构是指预制混凝土构件以干法连接（如螺栓连接、焊接等）形成的混凝土结构。国内许多预制钢筋混凝土柱单层厂房就属于全装配混凝土结构。国外一些低层建筑或非抗震地区的多层建筑常采用全装配混凝土结构。

根据《装配式混凝土结构技术规程》（JGJ 1—2014）的规定，装配整体式结构房屋的最大适用高度见表1-1，最大高宽比见表1-2。

表1-1 装配整体式结构房屋的最大适用高度 单位：m

| 结构类型 | 非抗震设计 | 抗震设防烈度 | | | |
|---|---|---|---|---|---|
| | | 6度 | 7度 | 8度(0.2$g$) | 8度(0.3$g$) |
| 装配整体式框架结构 | 70 | 60 | 50 | 40 | 30 |
| 装配整体式框架-现浇剪力墙结构 | 150 | 130 | 120 | 100 | 80 |
| 装配整体式剪力墙结构 | 140(130) | 130(120) | 110(100) | 90(80) | 70(60) |
| 装配整体式部分框支剪力墙结构 | 120(110) | 110(100) | 90(80) | 70(60) | 40(30) |
| 装配整体式框架-现浇核心筒结构 | 150 | 130 | 100 | 100 | 90 |

注：房屋高度指室外地面到主要屋面的高度，不包括局部凸出屋面的部分。当预制剪力墙构件底部承担的总剪力大于该层总剪力的80%时，最大适用高度取表中括号内的数值。

表1-2 装配整体式结构房屋适用的最大高宽比

| 结构类型 | 非抗震设计 | 抗震设防烈度 | |
|---|---|---|---|
| | | 6度、7度 | 8度 |
| 装配整体式框架结构 | 5 | 4 | 3 |
| 装配整体式框架-现浇剪力墙结构 | 6 | 6 | 5 |
| 装配整体式剪力墙结构 | 6 | 6 | 5 |

装配式混凝土框架结构与现浇混凝土框架结构的适用高度是有区别的。通过对装配式混凝土结构规范和现浇混凝土结构规范的比较，可以发现：

(1) 装配整体式框架结构与现浇混凝土框架结构的适用高度基本相同；

(2) 装配整体式框架-现浇剪力墙结构(剪力墙现浇、框架部分预制装配)与传统的现浇混凝土框架结构的适用高度相同；

(3) 同等抗震烈度下，装配整体式剪力墙结构与现浇剪力墙结构的高度相差约 10m；

(4) 当预制剪力墙构件底部承担总剪力值大于该层总剪力 80%时，装配整体式剪力墙结构与现浇剪力墙结构的适用高度总体相差幅度约 20m。

### 1.1.3 装配式建筑的发展意义

建筑产业现代化是以绿色发展为理念，以住宅建设为重点，以新型建筑工业化为核心，广泛运用现代科学技术和管理方法，工业化与信息化深度融合，全面提高建筑工程的效率、效益和质量。

新型建筑工业化是建筑产业现代化的核心，实现建筑产业现代化的有效途径就是新型建筑工业化。新型建筑工业化是以构件预制化生产、装配式施工为生产方式，以"化"(设计标准化、构件部品化、施工机械化)为特征，能够整合设计、生产、施工等整个产业链，实现建筑产品节能、环保、全生命周期价值最大化的可持续发展的新型建筑生产方式。作为新型建筑工业化的核心技术体系，装配式混凝土建筑有利于提高生产效率，节约能源，发展绿色环保建筑，并且有利于保证和提高建筑工程质量。

装配式混凝土建筑的主要特点是生产方式的工业化，具体体现在标准化设计、工厂化生产、装配化施工、一体化装修和智能化管理 5 个方面，从根本上克服了传统建造方式的不足，打破了设计、生产、施工装修等环节各自为战的局限性，实现了建造产业链上下游的高度协同。

装配式建筑具有以下优势。

1. 缩短工期

精确控制进度，有效缩短工期。由于大量的构件都在工厂生产，所以大幅降低了现场的施工强度，甚至省去了砌筑和抹灰工序，缩短了整体工期。

2. 方便施工

具有工业生产优势，能减少现场作业。构件可在工厂内进行产业化生产，施工现场可直接安装，省去了大量支模环节，方便又快捷。

3. 提高质量

构件尺寸精确，建筑品质精良。构件在工厂采用机械化生产，产品质量更易得到有效控制。预制外挂板保温性能较传统建筑的外墙外保温或外墙内保温性能更好，同时解决了传统建筑因为做了外保温而带来的外墙面装修脱落问题。

4. 保护环境

减少施工垃圾，降低噪声影响。由于采用工厂化生产，减少了施工现场湿作业量，使施工现场的建筑垃圾大量减少，因此更环保，同时预制构件的采用节省了大量的模板。

5. 控制成本

降低人工成本，减少材料浪费。构件机械化程度较高，可减少现场施工人员配备。因施工现场作业量减少，可在一定程度上降低材料浪费。周转料具投入量减少，料具租赁费用降低。

## 1.2　国内外装配式建筑发展现状

### 1.2.1　国外装配式建筑发展现状

建筑工业化概念来自欧洲。欧洲的建筑工业化之路可以追溯到 17 世纪。当时欧洲处于军事和殖民区扩展阶段，流动的武装部队需要住宿和储存设备的地方，帐篷是轻质、可运送的结构，而且还可以在短时间内组合和拆卸，装配式的模数化建筑系统就从帐篷开始了。

18 世纪，欧洲军备的需求不断上升，更大、可拆卸的平板型木框架结构得到发展。随着钢铁工业的发展，各种装配式钢框架建筑开始出现。英国人约瑟夫·阿斯帕丁于 1824 年发明了人造水泥，1867 年，法国花匠约瑟夫·莫尼埃从混凝土花盆打碎而盆里的泥土却完整的现象中受到启发，发明了钢筋混凝土，随后钢筋混凝土建筑开始在法国开发应用，同时也有了预制混凝土构件。1875 年，英国人拉塞尔斯提出了一种新的混凝土建造体系，即在承重骨架上安装集成各项功能的预制混凝土外墙板，作为填充墙，标志着预制混凝土开始应用。当时在一家赌场中第一次采用了预制混凝土构件。1896 年研发的第一组模数化的装配式混凝土建筑，就是安装在法国国家铁路上的看守亭。

由此可以看出，装配式建筑基于现实的需要产生，而又受制于建筑材料的开发。装配式混凝土建筑得益于水泥的发明和钢筋混凝土的问世，而钢筋混凝土就是从预制开始的，钢筋混凝土进入建筑领域，也就是预制混凝土构件的开始。

进入 20 世纪，不断有民众涌进欧洲各国的大城市，房屋的短缺现象越来越严重，在贫民区和犹太人区，情况更为恶劣，特别是经历了两次世界大战，欧洲大陆的建筑遭受重创，劳动力资源短缺，亟须一种新的、低成本的建筑方法，以加快住宅的建设速度。装配式混凝土建筑在住宅建设领域的发展出现了时代的契机。

在这样的时代背景下，出现了一批富有强烈社会意识、世界级的著名建筑师，包括瓦尔特·格罗皮乌斯、勒·柯布西耶、弗兰克·赖特、沙里宁、贝聿铭、山崎实、约翰·伍重、皮埃尔·奈尔维等。其中瓦尔特·格罗皮乌斯早在 1910 年就提出：钢筋混凝土应当预制化、工厂化，以大幅度降低建筑成本、提高效率、节约资源。他们越来越清醒地认识到，为帮助建筑工业从根本上更新形式，建筑物应该在工厂里系列化地生产，而且可以做到标准化和预制化，这样就可以按照模数化的原则只在工地现场做装配工作，像生产汽车一样建造房屋。

在这些建筑大师的提倡、引领下，装配式混凝土建筑技术理论日渐充实，装配式混凝土建筑得到大力发展。在这个时期，有代表性的装配式混凝土建筑包括瓦尔特·格罗皮乌斯设计的 59 层纽约泛美大厦，法国建筑师勒·柯布西耶设计的法国马赛公寓、印度昌加迪尔议会大厦，贝聿铭设计的费城社会岭公寓，约翰·伍重设计的悉尼歌剧院，被誉为混凝土诗人的意大利建筑师皮埃尔·奈尔维设计的意大利都灵展览馆、梵蒂冈会堂等。

西方发达国家装配式混凝土建筑发展经过上百年的经验沉淀，日趋成熟、完善，以图 1-1

为代表的装配式混凝土建筑，都基于自身的经济、社会、工业化程度，并结合自然环境，选择了适合自己的发展道路和方式。

(a) 纽约泛美大厦

(b) 法国马赛公寓

(c) 费城社会岭公寓

(d) 悉尼歌剧院

(e) 梵蒂冈会堂

图 1-1 装配式混凝土建筑

1. 美国

美国装配式混凝土建筑始于20世纪30年代,从住宅建筑起步。受到当时有大量需求的汽车房屋的启示,住宅厂家开始研制外观与传统住宅房屋无异,但可由汽车拉运组装的工业化住宅。第二次世界大战后,美国受战争影响较小,所以其发展装配式混凝土建筑的动力,主要来自工业的快速发展和城市化进程的加快。因其具备完善的市场经济制度,所以美国装配式混凝土建筑行业的发展完全由市场机制主导,政府在其中发挥引导和辅助的作用,借助法律手段和经济杠杆来推动。1976年,美国国会通过了国家工业化住宅建造及安全法案,同时出台了系列严格的行业标准制度(即HUD标准),只有满足HUD标准,并经第三方检测机构证明的工业化住宅方可出售。该标准沿用至今。1991年,美国PCI(预制预应力混凝土协会)年会提出将装配式混凝土建筑的发展作为美国建筑业发展的契机,由此带来装配式混凝土建筑在美国近30年的长足发展。目前混凝土建筑中,装配式混凝土建筑占比达35%。

美国装配式混凝土建筑的关键技术是模块化技术,住宅部品和主体构件生产的社会程度高,构件通用化水平高,基本实现了标准化和系列化,编制有产品目录,呈现出商品化供应的模式。美国装配式混凝土建筑的构件连接以干式连接为主,可以实现预制构件在质量保证年限内的重复组装使用。在结构体系方面,林同炎发明了预制预应力双T板,在美国PCI协会的推动下,双T板、预制预应力空心板、预制夹芯保温外墙技术较普及,构件尺寸都很大,因此生产成本低,安装效率高,总体经济性非常好。

总体来讲,美国装配式混凝土建筑发展的主要特点如下。

(1) 以低层、多层为主,且大力推广装配式木结构、轻钢结构住宅,抗震能力强。其中木结构以胶合木为主,该木材强度大,结构弱,内应力小,不易开裂和翘曲变形,还有较高的耐火性能,可解决部分大跨度结构问题、构件耐蚀防蛀等问题;预制构件主要有PC墙板、预应力楼板等,预制构件之间以干式连接为主。

(2) 集设计、制作、安装、装修整体房屋为一体的集成住宅产业,工厂化生产。随着木结构价格上涨,钢结构住宅已成为集成住宅的主力。

(3) 美国对超高层住宅建设采用装配式混凝土建筑一直很慎重,主要集中在几个大都市区,多采用装配式钢结构。

(4) 市场主导装配式混凝土建筑发展,政府起引导和辅助作用,依靠法律手段和经济杠杆加以推动。

2. 加拿大

加拿大作为美国的近邻,借鉴了美国的经验和成果,因此,其装配式混凝土建筑的发展与美国相似。目前,其装配式混凝土建筑的装配率、构件通用性较高,大量应用装配式剪力墙和预应力空心板技术体系建设多、高层住宅,完全取消了脚手架和模板,现场干净整洁,施工快捷且经济性很好,大城市建筑多为装配式混凝土建筑和钢结构建筑,抗震设防6度以下地区甚至推行全预制混凝土建筑。

3. 德国

德国建筑工业化水平处于世界前列。第二次世界大战后,装配式混凝土建筑在德国广泛应用,预制混凝土大板技术是其最重要的建造方式,该体系也成为德国规模最大、最具影响力的装配式建筑体系。20世纪90年代以来,随着德国强大的机械设备设计加工能力的推动以及现代社会审美要求的变化,现浇和预制混合的预制混凝土叠合板体系开始在德国广泛应用和发展,并不断优化整合建筑策划、设计、施工、管理各个环节,力求建筑个性化与美观性、经济性、功能性、环保性达到综合平衡。目前,德国的装配式混凝土建筑产业链处在世界先进水平,标准规范体系全面完整,建筑、结构、水暖电专业协作配套,施工企业与机械设备供应商合作密切,高校、研发机构不断为企业提供技术研发支持。

德国的装配式混凝土建筑主要采用叠合板、剪力墙结构体系,包括剪力墙板、梁、柱、楼板、内隔墙板、外挂板、阳台板等预制构件。构件预制与装配建设已经进入工业化、专业化设计,标准化、模块化、通用化生产,其构件部品易于仓储、运输,可多次重复使用、临时周转并具有节能低耗、绿色环保的性能。经过几十年的发展,德国在推广装配式产品技术、推行环保节能的绿色装配方面已经积累了较成熟的经验,建立了非常完善的绿色装配及产品技术体系。

综上所述,德国装配式经积累了建筑的发展特点如下。

(1) 已建立了完善的绿色装配技术体系;从大幅度节能建筑到被动式建筑,都采用装配式住宅实施,实现装配式住宅与节能标准的充分融合。

(2) 已建立了绿色装配产品设计体系。装配式混凝土建筑结构技术与构造DIN设计体系:在模数协调的基础上实现了部品的尺寸和连接等标准化、系列化,使德国住宅装配部件的标准发展成熟通用,市场份额达到80%。AB技术体系:即装配式建筑技术体系,形成了盒子式、单元式或大板装配体系等工业化住宅形式。

(3) 建筑工业化施工程度较高,制作的机械化程度较高。

#### 4. 法国

法国在1891年就已经开始采用装配式混凝土建筑,是世界上推行建筑工业化最早的国家之一,走过了一条以全装配式大板和工具式模板现浇工艺为标准的建筑工业化的道路。法国装配式建筑以混凝土结构为主,钢、木结构体系为辅,以预制预应力混凝土装配整体式框架结构体系(简称“构(SCOPE)体系”)为标志。与欧洲其他国家类似,建筑以多层为主,高层不多,超高层极少,多采用框架或板柱体系,结合预应力混凝土技术向大跨度发展,流行焊接等干式连接方式,推行构件生产与施工分离的原则,发展面向全行业的通用构配件的商品生产,建筑工业化程度高,装配率达到80%,脚手架量减少50%。

#### 5. 以瑞典、芬兰为代表的北欧国家

瑞典早在20世纪50年代就开始大力发展高性能的预制装配化住宅,研发大型混凝土预制墙板,编制了《住宅标准法》,将建筑部品的规格纳入了瑞典工业标准(SIS),在完善的标准体系基础上发展通用部件,实现了部品尺寸、对接尺寸的标准化与系列化,推动了装配式建筑产品建筑工业化通用体系和专用体系的发展。

芬兰与瑞典类似,装配式混凝土建筑技术应用普及,以全装配式结构体系为主,现场湿作业极少,以应对极度严寒的气候。

#### 6. 日本

日本装配式混凝土建筑处于世界先进水平,也是世界上装配式混凝土建筑运用最成熟的国家之一。1968年,日本提出装配式住宅的概念,预制混凝土构配件生产形成独立行

业，并开展了住宅产业标准化五年计划，出台了系列标准化成果。1973 年，建立装配式混凝土住宅准入制度，大企业联合组建集团进入住宅产业。1974 年，建立了优良住宅部品(BL)认定制度，逐渐形成住宅部品优胜劣汰的机制，接着设立了产业化住宅性能认证制度，以保护购房者的利益。在这个过程中，实行住宅技术方案竞赛制度，以此作为促进技术开发的一项重要措施和方式，不仅实现了住宅的大量生产和供给，而且调动了企业进行技术研发的积极性，满足了客户对住宅的多样化需求。到 20 世纪 90 年代，开始采用部件化、工厂化生产方式，提高生产效率、住宅内部结构可变、适应住宅多样化需求的策略加速发展，采用产业化方式生产的住宅达到了竣工住宅总数的 25%～28%。

日本装配式混凝土建筑有一个非常鲜明的特点，即从一开始就追求中高层住宅的配件化生产体系，这种生产体系可以满足日本人口比较密集的住宅市场的需求。更重要的是，日本通过立法来保证混凝土构件的质量，在装配式住宅方面制定了一系列的方针政策和标准，形成了统一的模数标准，解决了标准化、大批量生产和多样化需求三者之间的矛盾，进入了良性循环的发展轨道。

由于日本地震设防烈度较高，剪力墙等刚度较大的结构形式很少得到应用，所以装配式混凝土建筑一般以 PC 框架为主，框架-剪力墙结构和筒体结构也有应用，而且多应用在高层、超高层建筑，预制率比较高，而多层建筑较少用装配式。柱、梁、板的连接以湿式连接为主，PC 框架结构施工安装难度很大、技术质量要求很高，因此对构件的精度要求非常高，需要工人具有较高的素质和专业化程度。日本地震频发，因此装配式混凝土建筑的减震抗震技术得到了大力发展和广泛应用。

7. 新加坡

新加坡在政府政策推动下，进行了 3 次建筑工业化尝试：1963 年，引进法国大板预制体系，因本地承包商缺乏技术与管理经验导致失败；1971 年，引入合资企业，设立构件厂，但因施工管理方法不当，并遇上石油危机，也以失败告终；1981 年，同时引进澳大利亚、法国、日本多种体系，并率先在组屋即保障房大规模推广，最后发展为具有本地特色的预制装配整体式结构。2000 年，制定了易建设计规范，规定了不同建筑物易建性的最低得分要求，不达到最低标准不发施工执照，使装配式混凝土建筑得到良好发展。目前已开发出 15～30 层单元化的装配式混凝土住宅，占全国总住宅数的 80%以上，组屋的装配率可达 70%。

### 1.2.2　我国装配式建筑发展现状

我国建筑工业化和装配式建筑经过近十年的发展，目前已进入平台期和攻坚期，虽然全国各地推广装配式建筑技术的热度还在不断增加，但从各地反馈的产业化示范基地建设和装配式工程实施情况分析可知，装配式建筑已经达到相当的规模，也取得了一些产业化推广科技成果，但体现装配式建筑提质增效的整体效果并不明显，实施过程中暴露出产业工人短缺、工程质量不高、建造效率低、工程管理专业性差等问题，亟须各地进行系统总结和反思。

现有传统建筑业管理制度需要不断创新完善，应结合新时期建筑业的高质量发展需求，加快推进装配式全产业链实施专业化和职业化平台建设。目前，我国装配式建筑相关产业链的整合提升和软硬件建设尚未完成，工程建设、设计、施工、生产单位的从业人员职业化和专业化水平较低，对产业化技术管理能力和工程经验非常欠缺，大多数企业依然按传统现浇结构的最低价竞标理念实施装配式项目，普遍存在规划设计方案不合理、工期计划不科学、承包商和构件加工厂的技术管理人员专业化技术水平和产业化实施能力不足等问题，严重影响了产业化项目的实施效果，造成工程实施过程中成本高、质量差、效率低等问题比较突出。

建筑产业现代化的核心内涵是采用工业化精益建造手段建造高品质建筑，实现节能减排的绿色发展目标。国内外发展的经验证明，装配式建筑是一个系统工程，要循序渐进、稳步推进人才队伍建设和工程管理的项目实践，夯实产品生产和施工质量根基，才能实现装配式建筑的优质高效发展目标。全行业应该认识到没有人才和质量做基础，停留在赶工期和大规模复制低品质建筑的做法是不可取也行不通。面对全国各地向建筑产业现代化发展转型升级的迫切需求，各级政府和预制混凝土构件行业的相关企业应保持清醒的认识，因地制宜地确定产业化技术体系和发展路径，积极开展试点工程和示范工程的建设，不断总结经验、吸取教训，脚踏实地地推进我国建筑产业现代化发展。

当前，我国装配式建筑的发展有以下特点。

1. 装配式建筑稳步推进

装配式建筑作为新一轮建筑业科技革命和产业变革方向的代表，建造方式得到了建设行业的普遍认可，体现了速度快、质量优、减排少，综合质量、品质、功能优势明显等特点。装配式建筑行业迎来了宝贵的历史机遇期，住房和城乡建设部也先后出台了装配式建筑相关的标准规范，全国各地应因地制宜确定适合本地区的结构形式，同时抓好施工装配质量，加快完善和推广装配式建筑相关标准规范体系，加强全行业人才队伍建设，不断提升装配式建筑的发展质量。装配式建筑发展目前还面临着一些问题和挑战，主要表现在装配式建筑系统集成还未成为一个有机整体，建筑设计和装饰装修一体化还有差距，应用 BIM 技术实现各专业间的智能协同还需继续探索等。需要从稳中求进、因地制宜、抓好质量安全、完善和推广相关标准与体系、加强全行业人才队伍建设等方面，积极稳妥推进装配式建筑持续健康发展。

2. 政策支撑体系逐步建立

在国家的大力推动下，各地政府也积极推进装配式建筑，主要政策有：土地出让环节明确装配式建筑面积的比例要求；财政补贴支持装配式建筑试点项目；对装配式建筑的建设和销售予以优惠鼓励；通过税收、金融政策支持；大力鼓励发展成品住宅；在政府投资工程中大力推进装配式建筑试点项目建设。

3. 技术支撑体系初步建立

初步建立了装配式建筑结构体系、部品体系和技术保障体系，部分单项技术和产品的研发已经达到了国际先进水平，如预制装配式混凝土结构体系、钢结构住宅体系等都得到了一定程度的发展，装配式剪力墙、框架外挂板等结构体系施工技术日益成熟，设计、施工与太阳能一体化以及设计、施工与装修一体化项目的比例逐年增高。

《装配式混凝土结构技术规程》(JGJ 1—2014)、《装配式混凝土建筑技术标准》(GB/T 51231—2016)、《装配式建筑评价标准》(GB/T 51129—2017)等标准正式施行；《福建省预制装配式混凝土建筑模数协调技术要求》及《装配式混凝土结构构件制作、施工与验收规程》(DB21/T 2568—2016)等地方规范、规程也在不断完善成熟。

4. 试点示范带动成效明显

近年来，我国先后批准了多个产业化试点（示范）城市和基地企业，为全面推进装配式建筑打下了良好的基础。装配式建筑试点示范项目已经从少数城市、少数企业、少数项目向区域和城市规模化方向发展。国家住宅产业化综合试点城市的带动作用明显，这些城市的预制装配式混凝土结构建筑面积占全国建筑面积总量的比例超过85%。

5. 行业内生动力持续增强

目前，建筑业面临着生产成本不断提高、劳动力与技工日渐短缺的问题，从客观上促使越来越多的开发商、施工企业投身装配式建筑领域，装配式建筑技术也成为企业提高劳动生产效率、降低成本的重要途径。随着行业内生动力的不断增强，标准化设计、专业化、社会化大生产模式已成为发展的方向。

6. 产业集聚效应日益显现

各地形成了一批以国家产业化基地为主的龙头企业，主要有以房地产开发企业为龙头的产业联盟，以施工总承包企业为龙头的施工总承包类型企业，以大型企业集团主导并集设计、开发、制造、施工、装修为一体的全产业链类型企业，以生产专业化产品为主的生产型企业4种类型。

7. 工作推进机制初步形成

多地出台相关政策，在加快区域整体推进方面取得了明显成效，部分城市已经形成规模化发展的局面。如辽宁沈阳市推进现代化建筑产业化领导小组组长由市主要领导担任，副组长由5位副市级领导兼任。良好的决策机制与组织协调机制保障了装配式建筑工作顺利进行。

8. 我国香港特别行政区的装配式建筑发展特点

我国香港特别行政区装配式建筑应用比较普遍，香港屋宇署制定了完善的预制建筑设计和施工规范，高层住宅多采用叠合楼板、预制楼梯和预制外墙等方式建造，厂房类建筑一般采用装配式框架结构或钢结构建造。

## 1.3　装配式建筑施工技术

### 1.3.1　装配整体式混凝土结构

装配整体式混凝土结构是由预制混凝土构件或部件通过钢筋、连接件或施加预应力连接，并现场浇筑混凝土而形成整体的结构，简称预制装配式结构（prefabricated concrete structure，PC结构）。按照此工艺建造的建筑称为装配式建筑，也可称为PC建筑，由此体系建造的住宅称为装配式混凝土住宅，如图1-2所示，其具有以下特点。

（1）大量的建筑部品由车间生产加工完成，构件种类主要有外墙板、内墙板、叠合板、阳台、空调板、楼梯、预制梁及预制柱等。

（2）现场大量的装配作业，相比传统施工现浇作业大大减少。

（3）采用建筑、装修一体化设计和施工，理想状态是装修可随主体施工同步进行。

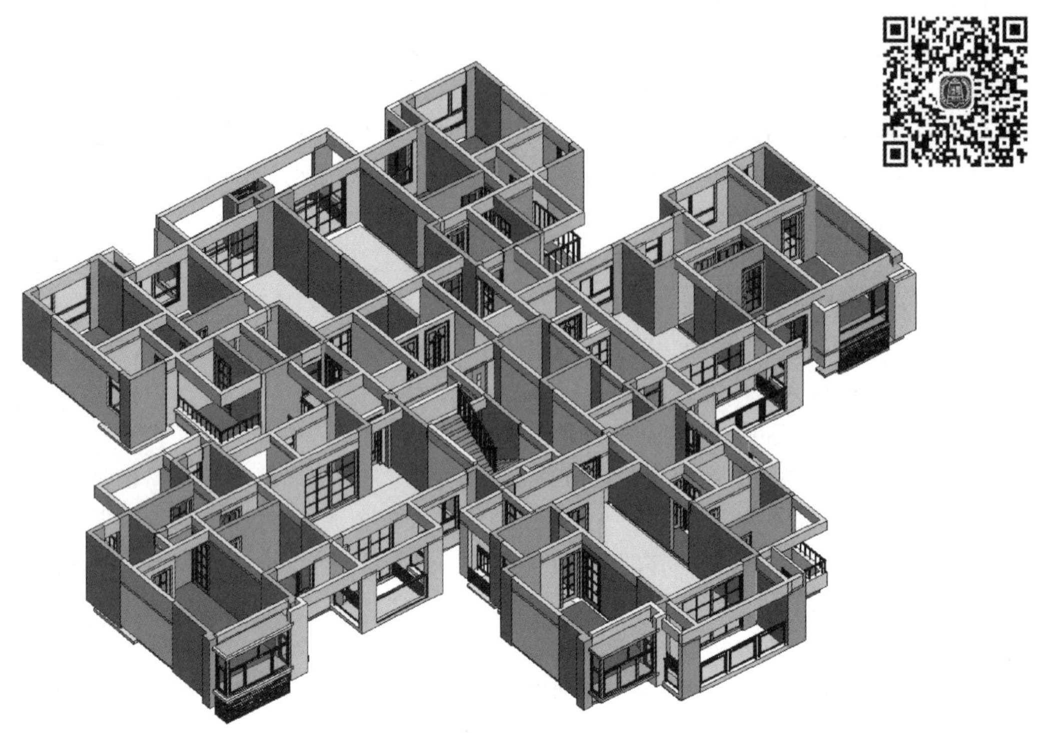

图 1-2 装配整体式建筑

### 1.3.2 全装配式混凝土结构

全装配式混凝土结构主要应用于多层建筑，主要有多层装配式墙-板结构，这种结构的特点是全部墙、板采用预制构件，通过可靠的连接方式进行连接，采用干式工法施工。

### 1.3.3 装配式建筑连接方式

装配式混凝土建筑结构与现浇混凝土结构形式上最显著的区别在于：构件分割预制造成的接缝处混凝土和钢筋的不连续或截断，反映到受力性能上，装配式混凝土结构特有的各预制构件之间的接缝、压力的传递几乎与现浇结构相同，因此对于仅考虑抗压性能的混凝土，即便不连续也基本不受影响，而且采取合适有效的措施，也基本能保证接缝的抗剪性能。但是对于主要提供抗拉承载力的钢筋，截断对结构的整体受力性能几乎是致命的，必须通过可靠的钢筋连接技术，保证截断钢筋的抗拉承载力的传递，实现装配式混凝土建筑的整体性能等同现浇混凝土结构的性能。所以，从这个意义上讲，钢筋连接技术是装配式混凝土建筑连接设计中的重要技术。

装配式混凝土建筑连接根据不同的属性特点可以分成不同的连接方式。比如，根据构件之间的连接，可以分成梁与梁、梁与柱、梁与板、板与板、板与墙、板与柱、墙与墙、墙与柱、结构构件与非结构构件等；根据干湿可分为干连接与湿连接；根据性能可分为强连接和延性连接，或弹性连接和柔性连接；根据支座又可分为固定连接和滑动连接，或固定铰支座和滑动铰支座；根据连接空间位置可分为外挂连接和内嵌连接；根据材料的不同可分为钢筋连接、后浇混凝土与现浇混凝土的连接,而钢筋连接又可分为钢筋套筒灌浆连接、浆锚搭接连接、挤压套筒连接、焊接、搭接、机械连接等,后浇混凝土与现浇混凝土的连接又可分为粗糙面、键槽等。

1. 强连接与延性连接

根据连接部位在结构最大侧位移时是否进入塑性状态,划分为强连接与延性连接。强连接是指结构在地震作用下达到最大侧向位移时,结构构件进入塑性状态,而连接部位仍保持弹性状态的连接;而延性连接则指结构在地震作用下,连接部位可以进入塑性状态并具有满足要求的塑性变形能力的连接。这种划分借鉴了美国统一建筑规范(UBC97)中将框架连接简化为整体连接和强连接的划分方式。两者关于强连接的内涵一致。美国统一建筑规范提及的整体连接,其性质类似于现浇式连接。

2. 干连接与湿连接

干连接与湿连接是装配式混凝土建筑最普遍的两种连接方式,也是区别装配式建筑与现浇建筑最典型的两种连接方式。顾名思义,以连接部位"干"或"湿"为划分原则,即以现场是否需要使用现浇混凝土或灌浆料区分。当预制构件间主要纵向受力钢筋的拼接部位,用现浇混凝土或灌浆填充结合成整体的连接方法即为湿连接。它是采用浆锚搭接、焊接、套筒灌浆连接、机械连接等方式连接预制构件间主要纵向受力钢筋,用现浇混凝土或灌浆来填充拼接缝隙的连接方法。而预制构件间连接不属于湿连接的连接方法就是干连接。它是在预制构件之间通过预埋不同的连接件,在现场以螺栓、焊接等方式按照设计要求完成组装的连接方法,干连接也需要少量的混凝土或灌浆料。

湿连接的强度、刚度和变形性能类似于现浇混凝土性能,其传力途径主要包括后浇混凝土、灌浆料或坐浆料直接传递压力,连接钢筋传递拉力,结合面混凝土的黏结强度、键槽或者粗糙面和钢筋的摩擦抗剪作用、销栓抗剪作用承担剪力,而弯矩则是拉压力的组合,即钢筋连接承担拉力,后浇混凝土、灌浆料或坐浆料承担压力。

干连接的节点构造在设计时应符合计算简图要求,按实际内力验算螺栓、焊缝、钢板截面、牛腿或挑耳企口弯剪、销栓受剪、局部承压等承载力。总体而言,干连接刚度小,构件变形主要集中在连接部位,当构件变形较大时,连接部位一般出现一条集中裂缝,与现浇混凝土结构差较大。但干连接与湿连接相比,干连接不需要在施工现场使用大量现浇混凝土或灌浆,安装较为方便快捷。

为了使读者对装配式混凝土结构连接方式有一个清晰全面的了解,图 1-3 给出了装配式混凝土结构的连接方式。

3. 钢筋连接

为实现等同现浇性能,装配整体式混凝土结构必须采取可靠措施保证钢筋及混凝土受力的连续性。因此,预制构件不连续钢筋的连接是装配式混凝土施工的重要环节,也是保证结构整体性的关键。

传统现浇混凝土结构中常用的钢筋连接技术包括绑扎连接、焊接连接与机械连接 3 种主要方式,但这 3 种连接技术在装配式混凝土建筑中较难得到应用。为保证足够的钢筋搭接长度,绑扎连接需要足够宽度的后浇混凝土,会直接增加现场湿作业量;焊接连接与机械连接需要足够的操作空间,而且钢筋逐根连接的工作量较大,质量难以保证。

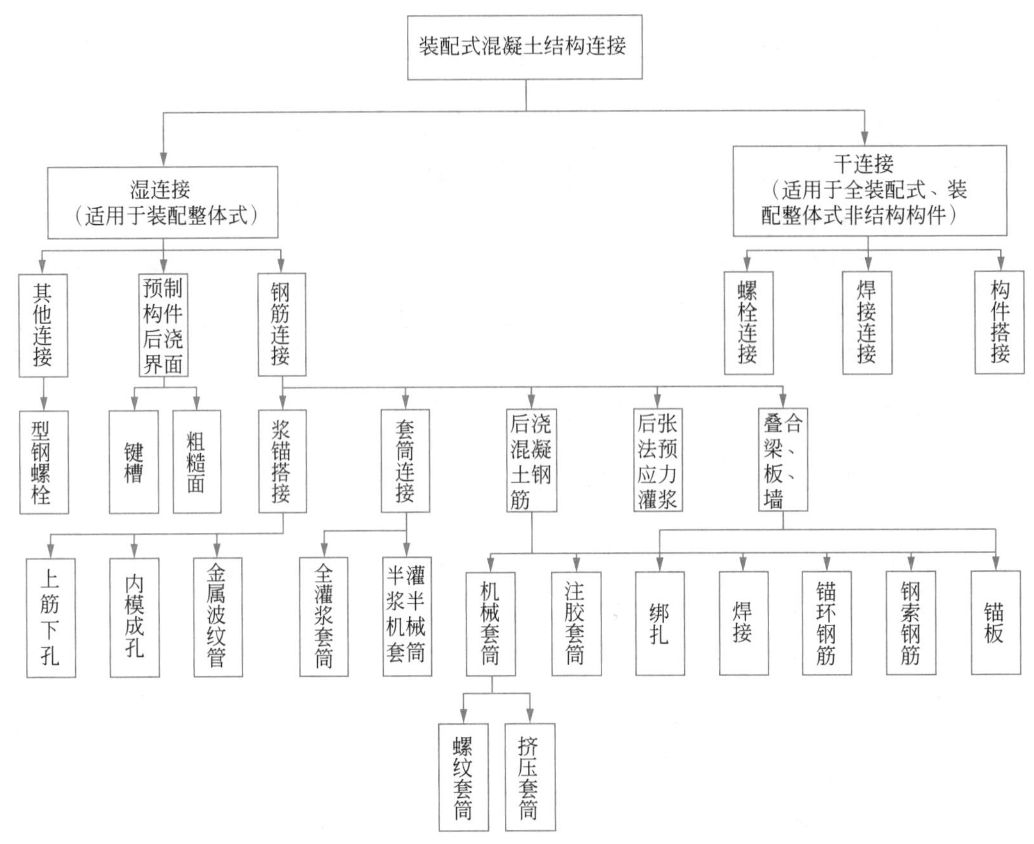


图 1-3 装配式混凝土结构连接方式

装配式混凝土建筑预制构件的钢筋连接常用技术包括套筒灌浆连接、浆锚搭接连接、挤压套筒连接及水平锚环灌浆连接等。

1）套筒灌浆连接

钢筋套筒灌浆连接是在预制混凝土构件内预埋的金属套筒中插入单根钢筋并灌注水泥基灌浆料，硬化后形成整体实现传力的钢筋对接连接方式。透过中空型套筒，钢筋从两端开口穿入套筒内部，不需要搭接或焊接，只在钢筋与套筒间填充高强度微膨胀灌浆料，即可完成钢筋的连接。其详细的原理是，利用内部带有凹凸部分的铸铁或钢质圆形套筒，将被连接的钢筋由两端分别插入套筒，然后用灌浆机向套筒内注入高强度微膨胀灌浆料，待灌浆料硬化以后，套筒和被连接钢筋即可牢固地结合成整体。具有高强度、微膨胀特性的灌浆料，保证了套筒中被填充部分具有充分的密实度，使其与被连接的钢筋有很强的黏结力。

当钢筋受外力时，拉力先通过钢筋灌浆料接触面的黏结作用传递给灌浆料，灌浆料再通过灌浆料与套筒接触面的黏结作用传递给套筒。钢筋和套筒灌浆料接触面的黏结力由材料化学黏附力、摩擦力和机械咬合力共同组成。与此同时，灌浆料受到套筒的约束作用，有效增强了材料结合面的黏结锚固能力，在钢筋表面和套筒内侧间产生正向作用力，钢筋借助该正向作用力在其粗糙的、带肋的表面产生摩擦力，从而传递钢筋应力。

2）浆锚搭接连接

钢筋浆锚搭接是指在预制混凝土构件中预留孔道，在孔道中插入需搭接的钢筋，并灌注水泥基灌浆料而实现的钢筋搭接连接方式，又称为间接锚固或间接搭接技术。构件安装时，将需搭接的钢筋插入孔洞内至设定的搭接长度，通过灌浆孔和排气孔向孔洞内灌入灌浆料，待灌浆料凝结硬化后，完成两根钢筋的搭接。该技术的原理是，将搭接钢筋拉开一定距离后进行搭接，连接钢筋的拉力通过剪力传递给灌浆料，再通过剪力传递到灌浆料和周围混凝土之间的界面。搭接钢筋之所以能够传力，是由于钢筋与混凝土之间的黏结锚固作用，两根相向受力的钢筋分别锚固在搭接区段的混凝土中而将力传递给混凝土，从而实现钢筋之间的应力传递。

浆锚搭接连接的抗拉能力主要由钢筋的拉拔破坏、灌浆料的拉拔破坏、周围混凝土的劈裂破坏决定，故需要保证钢筋具有足够的锚固长度和搭接区段的有效横向约束来提高连接性能。

3）挤压套筒连接

钢筋挤压套筒连接是将两根待连接的带肋钢筋插入钢套管内，用挤压连接设备沿径向挤压套筒，使之产生塑性变形，依靠变形后的钢套筒与被连接钢筋纵、横肋产生的机械咬合成为整体的钢筋连接方式。挤压套筒连接在现浇混凝土中应用广泛。

4）水平锚环灌浆连接

同一楼层预制墙板拼接处设置后浇段，预制墙板侧边甩出钢筋锚环并在后浇段内相互交叠，钢筋插入锚环中后浇筑混凝土而实现预制墙板竖缝连接。该连接方法主要用于多层装配式墙-板结构。

**4. 粗糙面与键槽**

预制混凝土构件与后浇混凝土之间的接触面须做成粗糙面和键槽，主要目的是提高结合面的抗剪能力以承担剪力。实验表明，不计钢筋作用的平面、粗糙面和键槽三者的抗剪能力的比例关系为 1∶1.6∶3，即粗糙面的抗剪能力是平面的 1.6 倍，而仅约键槽的 1/2。所以，通常预制混凝土构件与后浇混凝土之间的结合面主要做成粗糙面或键槽或两者皆有。

粗糙面：对于压光面（如叠合构件），在混凝土初凝前“拉毛”形成粗糙面；对于模具面，如梁端、柱端表面，可在模具上涂刷缓凝剂，拆模后用水冲洗未凝固的水泥浆，露出骨料，形成粗糙面。

1）粗糙面处理

粗糙面处理，即通过外力使预制构件与后浇混凝土结合处变得粗糙，露出碎石集料。通常有人工凿毛法、机械凿毛法和缓凝水冲法 3 种方法。

（1）人工凿毛法。人工凿毛法是指工人使用铁锤和凿子剔除预制构件结合面的表皮，露出碎石集料，增加结合面的黏结粗糙度。此方法的优点是简单、易于操作；缺点是费工费时，效率低。

（2）机械凿毛法。机械凿毛法是使用专门的小型凿岩机配置梅花平头钻，剔除结合面混凝土的表皮，增加结合面的黏结粗糙度。此方法的优点是方便、快捷，机械小巧，易于操作；缺点是操作人员的作业环境差，有粉尘污染。

(3) 缓凝水冲法。缓凝水冲法是混凝土结合面粗糙度处理的一种新工艺,是指在部品构件混凝土浇筑前,将含有缓凝剂的浆液涂刷在模板壁上;浇筑混凝土后,利用已浸润缓凝剂的表面混凝土与内部混凝土的缓凝时间差,用高压水冲洗未凝固的表层混凝土,冲掉表面浮浆,显露出集料,形成粗糙的表面。缓凝水冲法具有成本低、效果佳、功效高且易于操作的优点,目前应用广泛。

2) 键槽连接

装配式结构的预制梁、预制柱及预制剪力墙断面处需设置抗剪键槽。键槽主要靠模具凸凹成型。键槽设置尺寸及位置应符合装配式结构的设计及相关规范的要求。键槽面也应进行粗糙面处理。

# 1.4 装配式建筑与 BIM

## 1.4.1 BIM

BIM 这一概念出现于 2002 年,BIM 是指基于先进三维数字技术而形成的综合性数字化建筑模型。第一次建筑设计行业的重大变革是由曾经的手工绘图方式转变为二维的计算机绘图方式。随着 BIM 等建筑数字技术的兴起,建筑设计和施工管理由二维走向三维,将带来建筑行业生产方式的第二次重大变革,也将是对各专业的土木工程师的工作方式和思维方式的新一轮颠覆性革新。

BIM 具有以下特点。

### 1. 数字化表达

BIM 的本质是数字化地表达建筑,使数字化成为数据记录与交换的工具,模型成为建筑全生命周期中各类数据的记录载体。BIM 的工作过程及其结果表现本质就是一栋建筑的几何信息、属性信息、规则信息的高度集合。

### 2. 多维可视化

BIM 可以在各专业、各阶段实现数据流动,是各种建筑内外部信息的综合集成体。数据经处理后可实现直观的建筑多维可视化,专业技术人员或非专业技术人员能从各个层面建立和审视模型,在多方面进行综合应用。BIM 整个工作流程具有可视化特性。可视化不仅可以用来检视设计结果,更重要的是项目设计、建设、运营过程中的沟通、讨论、决策都在可视化的状态下进行,大大降低了专业内外的沟通时间和成本。

### 3. 设计交互性

当采用 BIM 时,设计即结果。将曾经片段化且烦琐的设计、修改、协调过程,简化成一步到位的最终设计体现,建筑成本控制、施工等阶段的问题得以在设计阶段同步体现,设计中各专业间的协调变得更有效率。

BIM 是一种可以使建筑、结构、机电、装修行(专)业有效串联的技术。采用 BIM 一体化设计,能加强各专业协同性,减少“错、漏、碰、缺”引起的错误,提升设计效率和质量,有效降低综合成本。其次,采用 BIM 技术能够使设计、生产、装配形成全产业链联动,形成一体化解决方案,从而大大减少二次设计和返工,缩短工期并提高项目质量。同时在 EPC

工程总承包模式下，BIM技术的应用能够有效增强EPC项目团队的协同管理能力，提升工作效率和项目质量，实现精益、智能建造。我国政府与企业开始在建筑行业推行工程项目全生命周期管理（building lifecycle management，BLM）概念，BLM是当下工程项目管理的趋势和主流技术，而BLM本质上就是以BIM为基础，创建信息、管理信息、共享信息的一种数字化、信息化管理方法，在建筑生命的设计、施工、运营阶段，BIM都可以发挥其作用。

（1）在建筑全生命周期的设计阶段，采用BIM使建筑、结构、给排水、空调、电气等各个专业基于同一个模型进行工作成为可能，实现了真正意义上的三维集成协同设计。在二维图纸时代，相关设备专业的管道综合是一个烦琐且费时费力的工作，在施工过程中不可预见的问题常导致发生工程变更。在BIM的直观而全面数字化模型中，结构与设备、设备与设备间的冲突可以自动检测出来，设计师也能在数字化模型中直观地检查实际效果，结合精准检查，在设计阶段规避后期施工中的许多问题。通过数字化模型还能帮助设计师对建筑的后期使用情况有直观的感受。

BIM中的设计修改具有即时协同性。如果设计中对建筑做出部分调整，BIM会在整个项目中实现自动协调，比如实现相关图纸中的平、立、剖面图即时修改。BIM提供的这种自动协调修改功能可以有效避免人工出错，既能提高图纸质量，也能加快图纸绘制速度，使设计团队在绘制图纸方面更加省时省力，可以更专注于设计方案的推敲。

（2）在建筑全生命周期的施工阶段，BIM可以提供建筑材料、成本等信息方便施工管理，甚至可以便捷生成工程量清单、概预算、各阶段材料准备等数据清单，以供施工人员合理安排施工前期工作。在BIM中的施工过程可视化模拟与可视化管理功能，对施工进度安排也很有帮助，对于装配式建筑特有的生产阶段而言，可以实现建筑构件从设计到工厂无缝加工生产。

BIM的数字化特征可以协助施工人员对建筑施工进行量化，形成有效的初步质量评估和工程估价，制定合理的施工评估和规划。施工方利用BIM能及时、直观地为业主展示场地布置规划，与业主就施工过程进行深入讨论，通过有效的沟通，有效减少业主和施工方的运营管理成本。BIM还能提高文档质量，改善施工规划，从而节省施工过程中在管理方面投入的时间与资金。这些都将使业主节约管理成本和时间，将更多的精力、时间和金钱投入建筑的质量和进度上。

（3）在建筑全生命周期的运营管理阶段，BIM模型中包含的建筑性能、面积指标等数据，以及专业运营BIM软件中包含的建筑使用情况、负载、容量、建筑已用时间以及建筑消耗等信息，能有效改进建筑的综合财务统计和管理水平。BIM提供的完备且实时更新的数字化记录，为后续建筑整体的运营规划与管理提供了有利条件。这些都对提高后期建筑运营中的收益与成本控制有重大影响。

### 1.4.2 BIM在装配式建筑设计策划阶段的应用

装配式混凝土建筑从最初的概念设计到最后的运营维护直至报废，整个环节都可以从BIM技术的应用中大大受益。但BIM技术应用的源头在设计。在装配式混凝土建筑的设计阶段，各专业基于自身专业的理论和技术要求完成项目的整体设计，同时还需要结合工厂制作条件、运输吊装条件、现场施工安装条件以及技术规范要求，将建筑物拆分成一个个相对独立的建筑构(部)件，完成建筑信息的创建。这些信息的正确性、完整性、可复制性、可读写性、条理性以及传递介质电子化等，将决定后续制作、运输、安装、运维各个阶段信息的发挥效应。所以装配式混凝土建筑设计阶段中的BIM技术应用是体现BIM技术价值的关键环节。

(1) 通过定量分析选择适宜的结构体系，制定符合体系的BIM应用策略、BIM构件与模块库。

(2) 实现协同设计。设计从2D设计转向3D设计；从各工种单独完成项目转向各工种协同完成项目；从离散的分布设计转向基于同一模型的全过程整体设计；从线条绘图转向构件布置。

(3) 完成深化设计。优化拆分设计；避免预制构件内预埋件与预留孔洞出错、遗漏、拥堵或重合；提高连接节点设计的准确性和制作、施工的便利性。

(4) 建立部品、部件编号系统，即每种部品、部件的唯一编号体系。

(5) 实现从3D到2D的成果输出。

设计策划阶段的BIM应用主要包括以下两点。

(1) 结构体系选型。大量的工程实践表明，装配式混凝土建筑项目的顺利实施，在很大程度取决于结构体系选型的合理性。每种结构体系都有其各自的特点，需要基于适用、安全、经济原则，结合项目特点和建筑设计的具体情况进行结构选型，其中BIM技术可发挥其应有作用。运用BIM技术，建立项目3D模型，由前期参与各方对该三维模型进行全面的模拟试验，特别是业主能够通过这个三维模型，在建设前期看到建筑总体规划、选址环境、平立剖面分布、景观表现等虚拟现实。然后在此基础上融入时间因子创建4D模型，再增加造价维度创建出5D模型，让业主相对准确地预估整个项目的建设进度需求和造价成本，并结合不同环境和各种不确定因素下的各种方案，进行成本、质量、时间的分析，从而优化设计，最终确定结构体系方案。

(2) 制定BIM应用纲要。传统的装配式混凝土建筑设计，由设计单位从预制构件厂家选择满足设计要求的构件，或者设计单位向预制厂家定制预制构件。前者制约了设计的丰富度，而且往往设计单位与预制构件厂家联系不密切，设计者不能详细掌握构件类型，所以大多时候无法考虑预制构件的因素，类似于闭门造车；而后者更是加大了项目的建造成本，而且有些特殊的构件预制需求，预制构件厂家不一定能实现。

### 1.4.3 基于BIM的信息化施工

装配式混凝土建筑在装配施工阶段，需要通过VR/MR等混合现实技术、实时通信技术、BIM中心数据库实现两个层面的虚拟作业：虚实混合检查校验以及虚实混合装配校验。

**1. 装配式混凝土建筑基于BIM的信息化施工的目标**

装配式混凝土建筑施工阶段应用BIM技术，主要实现的目标有：

(1) BIM辅助施工组织策划，包括施工组织设计，编制施工计划；

(2) 实现基于BIM的吊装动态模拟及管理技术；

(3) BIM辅助编制施工成本和施工预算。

2. BIM 辅助施工组织策划

装配式混凝土建筑相对于传统现浇混凝土建筑的施工，涉及与预制构件生产单位、吊装施工方的协调，以及预制构件的场内运输、堆场、吊装等，工序更为复杂，对有效表达施工过程中各种复杂关系、合理安排施工计划的要求更高。在 BIM 3D 模型基础上融入时间、进度因素，升级为 4D 仿真技术，实现对预制构件运输、现场施工场地布置、施工进度计划的模拟等，并进行验证和优化，将会很好地解决因多方参与到复杂工艺流程中所形成的工作协调问题。BIM 软件可以实现与传统进度计划策划图的数据传递和对接，将传统的进度横道图转换为三维的建造模拟过程。在 4D 模型里，可以查看输入的任何一天的现场施工情况、实际完成工作量以及预制构件的使用情况。对预制构件运输，通过模拟装配工序、现场装配的计划节点以及该节点所需预制构件数量，来实现组织生产、调度运输，了解运输车辆的合理性、车辆运载空间的有效性等，以降低运输成本，有效组织预制构件生产。利用 BIM 技术可以进行施工场地及周边环境的模拟，包括场地内车辆的动线设计，预制构件的堆放场地布置乃至施工场地布置，随着建筑施工进度的推进进行相应的动态调整等，使施工场地及环境都能得到直观的布局、检验和优化。

3. 基于 BIM 的吊装动态模拟及现场管理技术

装配式混凝土建筑预制构件的吊装装配施工，是区别于传统现浇混凝土建筑施工最为典型的内容，而吊装装配最主要的质量控制点就是连接节点的精度控制，在二维条件下很难用有效手段提高吊装装配的施工质量。应用 BIM 技术，可以在实际吊装装配前模拟复杂构件的虚拟造型，并进行任何角度的观察、剖切、分解，让现场安装人员在实际施工前做到心中有数，确保现场吊装装配的质量和速度。每天吊装装配施工前，在 BIM 技术支持下，现场储存构件的吊装位置及施工时序等信息，通过 BIM 模型导入现场诸如平板手持电脑的实时通信设备中，并在三维模型中进行检验确认，再扫描识别现场的构件信息后进行吊装装配施工，同时记录构件完成时间。所有构件的组装过程、安装位置和施工时间都记录在系统中，以便检查，大大减少了错误的发生，提高了施工管理效率。

4. BIM 辅助成本管理

BIM 技术下的三维模型数据库，可以便捷、准确地统计出装配式混凝土建筑的整个工程量，不会因为预制构件结构形状复杂而出现计算偏差，施工单位也因此减少了抄图、绘图等重复工作，大大降低了工作强度，提高了工作效率。特别是在 BIM 4D 基础上加入了造价维度，建立了 BIM 5D 模型和关联数据库，可快速提供支撑各项目管理所需的数据信息，快速获取任意一点的工程基础信息，提升施工预算的精度和效率，并通过合同、计划与实际的消耗量，分项单价、分项合价等数据的多算对比，从而有效管控项目成本风险。

## 1.5　装配式混凝土建筑工程主要工序 BIM 效果演示工程案例

### 1.5.1　项目基本信息

江心洲 No. 2015G06 地块工程分为 A、B 两个地块，如图 1-4 所示，A 地块总建筑面积 61565.73m$^2$、B 地块总建筑面积 54475.56m$^2$，总计 116041.29m$^2$。

图 1-4 江心洲 No. 2015G06 地块工程

### 1.5.2 基于 BIM 主要工序演示

工程项目为装配整体式剪力墙结构，结构现浇的部分为地下室结构、主楼外墙剪力墙、厨卫间楼板及周边梁、阳台梁、屋面梁板结构。预制构件包括叠合梁、钢筋桁架叠合楼板、预制楼梯、预制内剪力墙、预制框架柱。图 1-5～图 1-14 为装配式混凝土构件施工过程 BIM 效果演示。

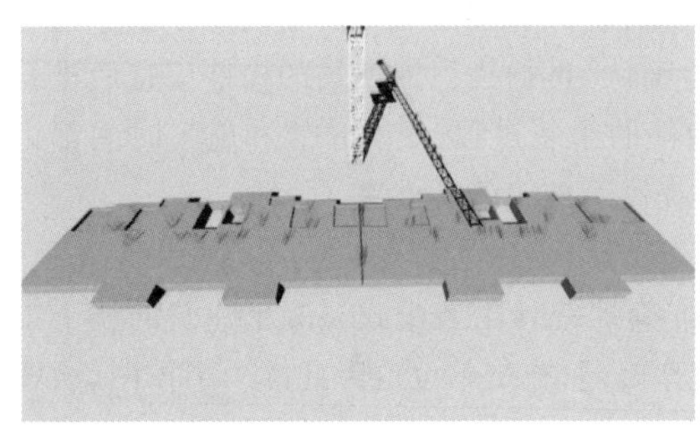

图 1-5 插筋定位、放线

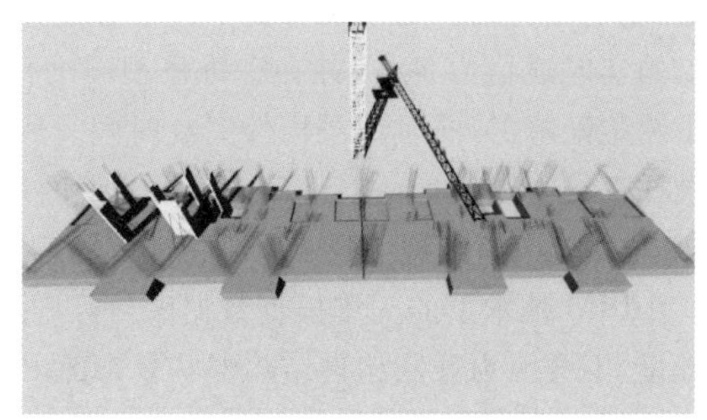

图 1-6 剪力墙吊装

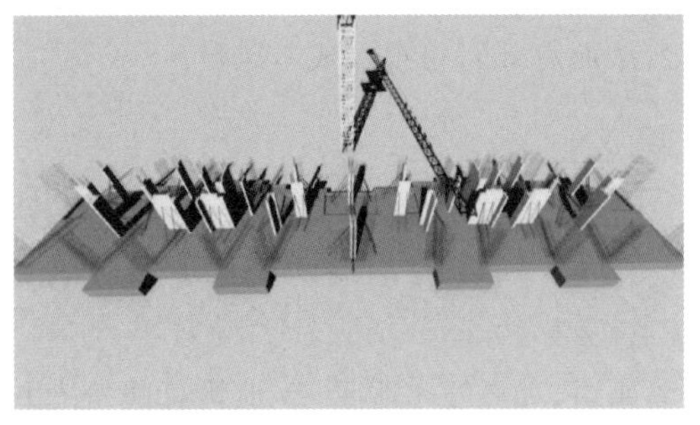

图 1-7 剪力墙吊装完成

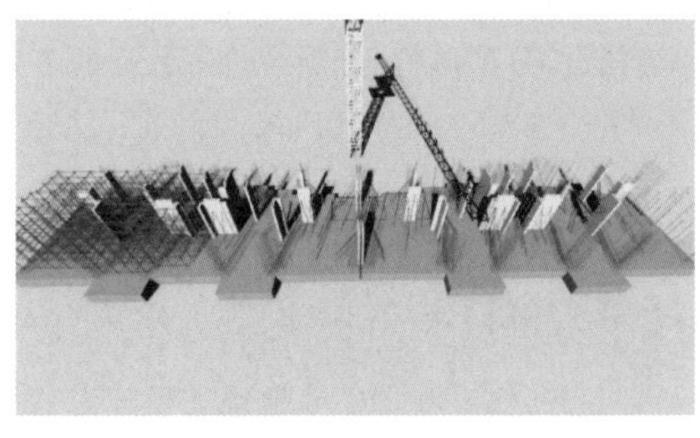

图 1-8 支撑搭设

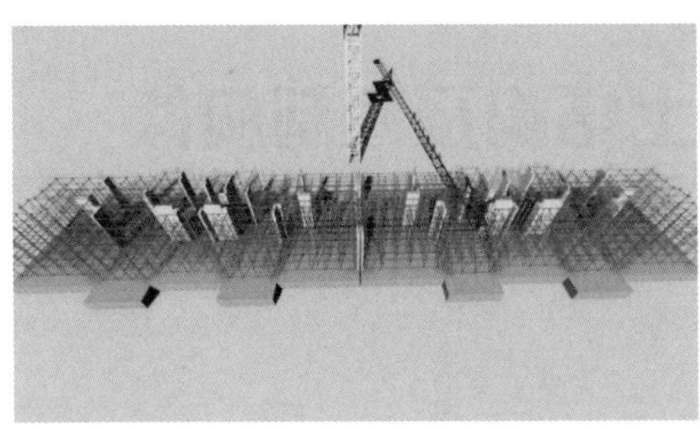

图 1-9　支撑搭设完成

图 1-10　叠合梁吊装

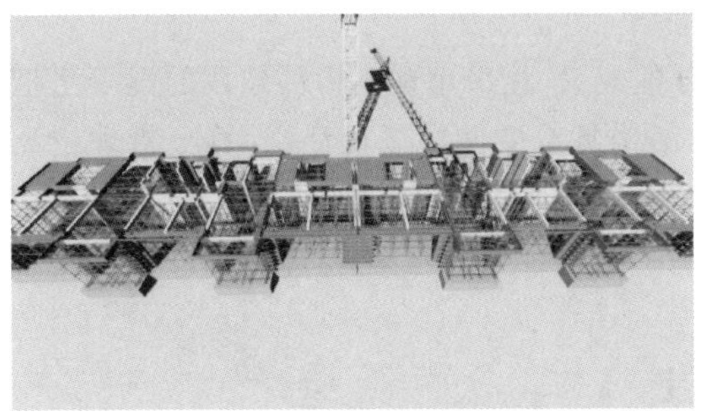

图 1-11　现浇部分模板搭设

图 1-12　叠合板吊装完成

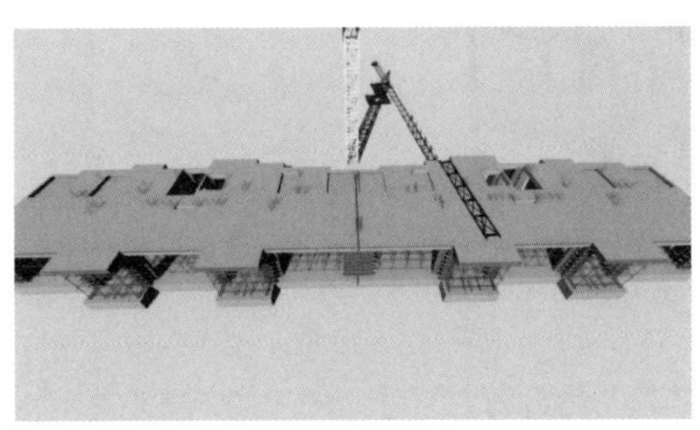

图 1-13　楼面混凝土浇筑完成

图 1-14　动画演示

## 学习笔记

# 第2章 装配式混凝土结构及预制构件

## 2.1 框架结构

装配整体式混凝土框架结构是指全部或部分框架梁、柱采用预制构件建成的混凝土框架结构，如图 2-1 所示。装配整体式混凝土框架结构具有空间布局灵活、计算分析理论比较成熟、施工方便等优点，在学校、医院、办公楼、停车场、商场等多层或小高层公共建筑中广泛应用。

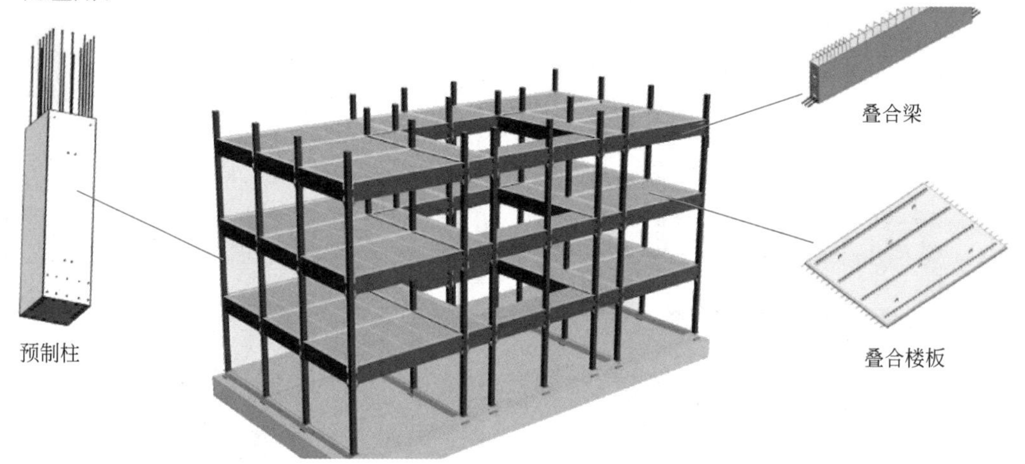


图 2-1 装配整体式混凝土框架结构

装配整体式框架结构采用了可靠节点连接方式和合理的构造措施后，其性能可等同现浇混凝土框架结构。梁钢筋在节点中锚固及连接方式是决定施工可行性及节点受力性能的关键。

设计时应充分考虑施工装配的可行性，合理确定梁、柱截面尺寸及钢筋的数量、间距及位置等；同时应注意合理安排节点区箍筋、预制梁、梁上部钢筋的安装顺序，控制节点区箍筋的间距并满足施工要求。在施工方面具有以下特点：预制构件标准化程度高，构件种类较少，各类构件质量差异较小，起重机械性能得到充分利用，技术经济合理性较高；建筑物拼装节点标准化程度高，有利于提高工效；钢筋连接及锚固可全部采用统一形式，机械化施工程度高、质量可靠、结构安全、现场环保等。装配式框架结构梁、柱节点尤其是有多根梁相交时，钢筋密度大，要求加工精度高，操作难度较大，所以梁、柱构件应尽量采用较粗直径、较大间距的钢筋布置方式，节点区的主梁钢筋较少，有利于节点的装配施工，保证施工质量。

### 2.1.1　柱

柱是建筑物主要的竖向结构受力构件，一般采用矩形截面，如图 2-2 所示。装配整体式结构中一般部位的框架柱采用预制柱，重要或关键部位的框架柱应现浇，比如穿层柱、斜柱、高层框架结构中地下室部分柱及首层柱。上下层预制柱连接位置应设置在楼面标高处。为了保证抗震性能，框架柱的纵向钢筋直径较大，钢筋连接方式宜采用套筒灌浆连接。

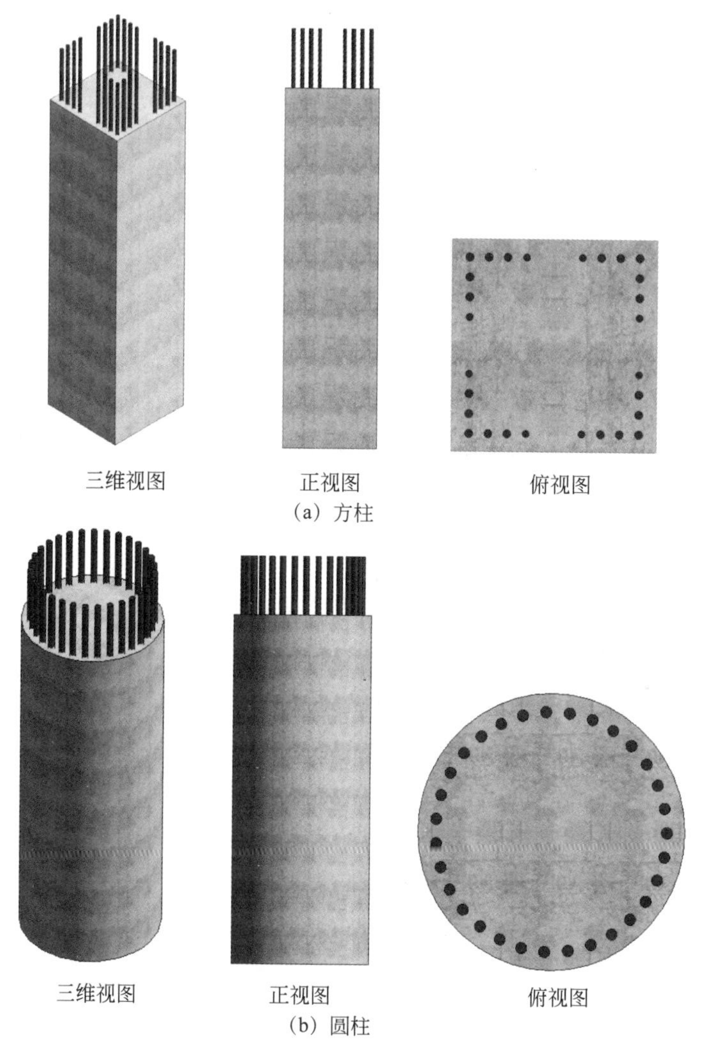


图 2-2　预制实心柱

矩形柱截面边长不宜小于 400mm，圆形柱截面直径不宜小于 450mm，且不宜小于同方向梁宽的 1.5 倍。采用较大直径钢筋及较大的柱截面，可减少钢筋根数，增大间距，便于柱钢筋连接及节点区钢筋布置。要求柱截面宽度大于同方向梁宽的 1.5 倍，有利于避免节点区梁钢筋和柱纵向钢筋的位置冲突，便于安装施工。

安装流程：测量标高→柱吊装就位→柱支撑安装→坐浆层封堵→竖向连接套筒灌浆→预制柱上侧节点核心区浇筑前安装柱头钢筋定位板，如图 2-3 所示。

吊装

吊装就位

支撑安装

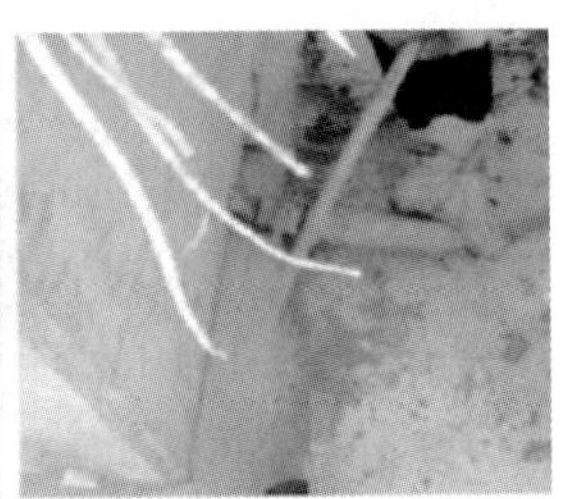
套筒灌浆

图 2-3 预制柱安装

### 2.1.2 梁

1. 预制梁

根据施工图纸，在竖向构件顶端放出预制梁的水平位置线及控制线；从立杆上的 1m 标高线测量出预制梁的底标高，调整顶托，使木方上表面与梁底标高线对齐。确认需安装的预制构件编号，构件与吊具连接采用牵引绳，吊具与吊点之间的连接必须牢固，吊索与构件的水平夹角宜大于或等于 60°且不应小于 45°。将构件调离地面 200～300mm 静停，检查起重机的稳定性、制动装置的可靠性、构件的平衡性和绑扎的牢固性。预制梁放置平稳后，检查预制梁的水平位置，如果没有超出允许偏差值，即可脱钩，连续吊装其他预制构件。根据立杆上的 1m 标高线，用卷尺复测梁底标高，其标高允许误差应控制在 5mm 之内。

2. 预制叠合梁

预制混凝土叠合梁是由预制混凝土底梁和后浇混凝土组成、分两阶段成型的整体受力水平构件，其下半部分在工厂预制，上半部分在工地现浇。叠合梁按受力性能可划分为一阶段受力叠合梁和二阶段受力叠合梁；按预制部分的截面形式又可分为矩形截面叠合梁和凹口截面叠合梁，如图 2-4 所示。

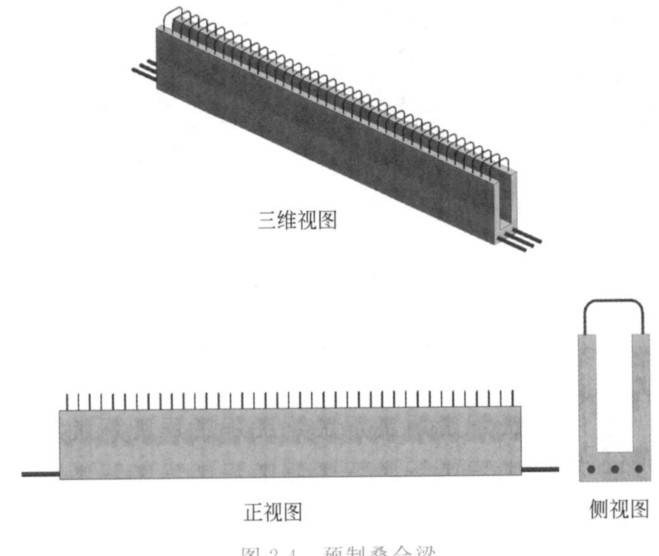


图 2-4 预制叠合梁

1）按受力性能划分

一阶段受力叠合梁：施工阶段在预制梁下设有可靠支撑，保证施工阶段作用的荷载全部传给支撑，预制梁不受力，待叠合层后浇混凝土达到一定强度后，再拆除支撑，由整个截面承受荷载。

二阶段受力叠合梁：施工阶段在简支预制梁下不设支撑，施工阶段作用的全部荷载完全由预制梁承担。此时，其内力计算分两个阶段：一是叠合层混凝土强度未达到设计值之前的阶段；二是叠合层混凝土强度达到设计值之后的阶段。叠合梁按整体梁计算。

2）按截面形式划分

矩形截面叠合梁：当板的总厚度不小于梁的后浇层厚度要求时，可采用矩形截面叠合梁。

凹口截面叠合梁：当板的总厚度小于梁的后浇层厚度要求时，可采用凹口截面叠合梁，主要是为增加梁的后浇层厚度。

某些情况，叠合梁也可采用倒T形截面或者花篮梁形截面。

安装流程：梁支撑安装→梁吊装就位→调节梁水平度与垂直度→梁钢筋连接→梁灌浆套筒灌浆。

编制叠合梁吊装顺序时，按底筋的避让原则是先下锚，后直锚，再上锚，梁底标高低的先吊，梁底标高高的后吊。

## 2.2 剪力墙结构

装配整体式混凝土剪力墙结构是指全部或部分剪力墙采用预制墙板建成的装配式混凝土结构，如图2-5所示，即全部或部分剪力墙采用预制墙板通过可靠的方式进行连接并与现场后浇混凝土、水泥基灌浆料形成整体的装配式混凝土结构。主要适用于住宅、宾馆等高层建筑。

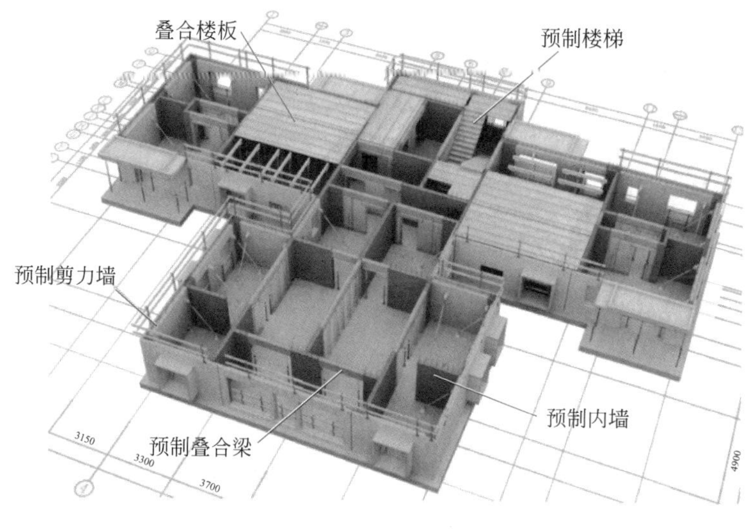


图2-5 装配整体式混凝土剪力墙结构

### 2.2.1 剪力墙墙板

在工厂预制而成的混凝土剪力墙构件，墙板侧面在施工现场通过预留钢筋与现浇剪力墙边缘构件连接，底部通过钢筋灌浆套筒与下层预制剪力墙预留钢筋连接。

相对于现浇的剪力墙，预制剪力墙可以将墙体完全预制或做成中空，剪力墙的主筋需要在现场完成连接。在预制剪力墙外表面反打外保温及饰面材料。剪力墙结构中一般部位的剪力墙可采用部分预制、部分现浇，也可全部预制，底部加强部位的剪力墙宜现浇。预制剪力墙宜采用一字形，如图 2-6 所示，也可采用 L 形、T 形或 U 形；预制墙板洞口宜居中布置。楼层内相邻预制剪力墙之间连接接缝应现浇形成整体式接缝。当接缝位于纵横墙交接处的约束边缘构件区域时，约束边缘构件的阴影区域宜全部采用后浇混凝土，并应在后浇段内设置封闭箍筋。

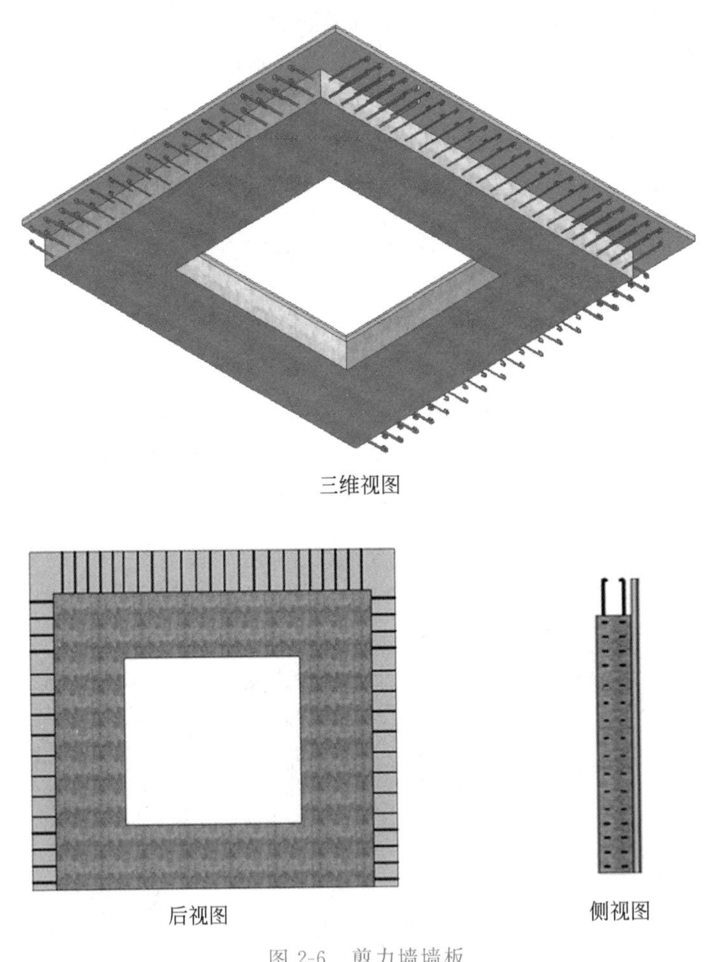


图 2-6 剪力墙墙板

安装流程：施工放线(轴线、墙体边缘线、控制线、墙封头线)→标高复核→插筋校正调直→确认构件起吊编号→安装吊具缆风绳→起吊距地 200～300mm 静停→吊运至楼面插筋上方 500mm 静停→钢筋对位落位→安装临时支撑固定→取钩。

预制剪力墙宜从外墙、楼梯间或电梯井的外墙板开始安装，确定首块吊装的剪力墙墙板后，按顺时针或逆时针顺序逐一编制，不可临时插入墙板，增加吊装施工难度。

预制构件安装时，底部放置标高垫片不应少于 2 处，剪力墙下垫片的间距不宜大于 2m，根据墙板宽度设置垫片放置数量及点位。固定预制墙的斜支撑不宜少于 2 排，上排用于调整构件的垂直度，下排用于调整构件的水平安装位置，斜支撑应设置调节装置。根据《装配式混凝土结构技术规程》(JGJ 1—2014)，剪力墙构件的中心线相对轴线的偏差不应大于 10mm，标高误差不应大于 5mm，构件垂直度偏差不应大于 5mm。

### 2.2.2 剪力墙纵向搭接

上下层预制剪力墙之间的连接主要是竖向受力钢筋的连接。按照现行《装配式混凝土建筑技术标准》(GB/T 51231—2016)的规定，预制剪力墙竖向钢筋的连接可以采用套筒灌浆连接、浆锚搭接连接、挤压套筒连接等连接方式，并符合相应规定。

楼层内相邻剪力墙之间应采用整体式接缝连接。当接缝位于纵横墙交界处的约束边缘构件区域时，约束边缘构件的阴影区域宜全部采用后浇混凝土。当接缝位于纵横墙交界处的构造边缘构件区域时，构造边缘构件宜全部采用后浇混凝土。为了满足构件的设计要求或施工要求，也可部分后浇、部分预制，因此，现浇部分竖向钢筋连接可采用多种连接方式。预制剪力墙中灌浆套筒主要用于剪力墙墙身纵向分布筋的连接。

采用套筒灌浆连接上下层预制剪力墙连接构造，按相关规范要求，当采用套筒灌浆连接时，自套筒底部至套筒顶部并向上延伸 300mm 的范围内，预制剪力墙的水平分布筋应加密，加密区水平分布筋的最大间距及最小直径应符合表 2-1 中的规定，套筒上端第一道水平分布筋距离套筒顶部不应大于 50mm，如图 2-7 所示。

表 2-1 加密区水平分布筋的最大间距及最小直径规定 单位：m

| 抗震等级 | 最大间距 | 最小直径 |
|---|---|---|
| 一、二级 | 100 | 8 |
| 三、四级 | 150 | 8 |

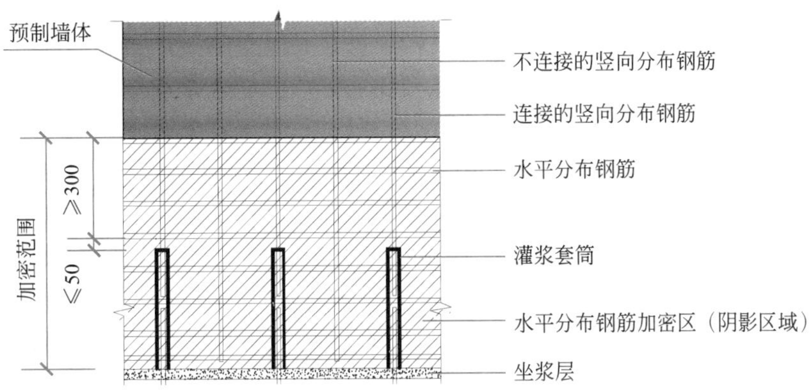


图 2-7 剪力墙纵向搭接示意图

## 2.3 楼　　板

装配式楼板包括现浇楼板、全预制楼板和叠合楼板。

现浇楼板即现浇混凝土结构楼板。装配式建筑中有一部分现浇楼板，一般作为上部结构嵌固部位的地下室楼层和结构转换层的楼板现浇；还有一些特殊部位现浇，如平面复杂或开洞较大的楼板等。

全预制楼板多用于全装配式建筑，即干法装配的建筑，可在非地震地区或低地震烈度地区中的多层和低层建筑中使用。

叠合楼板是由预制底板与现浇混凝土叠合而成的楼板。预制底板既是楼板结构的组成部分之一，又是现浇钢筋混凝土叠合层的永久性模板。现浇叠合层内可敷设水平设备管线，预制底板安装后绑扎叠合层钢筋，浇筑混凝土，形成整体受弯楼板。

叠合楼板主要包括普通叠合楼板、带肋预应力叠合楼板、空心预应力叠合楼板、双T形预应力叠合楼板等形式。

叠合楼板的预制板厚不宜小于60mm，主要考虑了脱模、吊装、运输、施工等因素。当采取可靠的构造措施时，如设置钢筋桁架或板肋等，可以考虑将其厚度适当减小。叠合楼板后浇层厚度不应小于60mm，以保证楼板整体性，满足管线预埋、面筋铺设、施工误差等方面的需求。当叠合板的预制板采用空心板时，板端空腔需要封堵。

当叠合板跨度大于3m时，宜采用钢筋桁架叠合楼板，以增强预制板的整体刚度和水平界面的抗剪性能。叠合板中后浇层与预制板之间的结合面，在外力、温度等作用下，界面上会产生水平剪力。对于大跨度板，当有相邻悬挑板的上部钢筋锚入等情况时，叠合界面上的水平剪力尤其大，需要配置截面抗剪构造钢筋来保证水平截面的抗剪能力。设置钢筋桁架就是其中最常见的抗剪构造措施，当没有设置钢筋桁架时，可考虑设置马凳形状钢筋，钢筋直径、间距及锚固长度应满足叠合界面的抗剪要求。

当叠合板跨度大于6m时，宜采用预应力叠合楼板，此时采用预应力混凝土预制板经济性较好。如板厚大于180mm，推荐采用空心楼板，可在预制板上设置各种轻质模具，如轻质泡沫等，浇筑混凝土后形成空心，可有效减轻楼板自重，节约材料。

叠合板的预制板宽度不宜过小，过小经济性较差；也不宜过大，过大则运输吊装困难。所以叠合楼板的预制板宽度不宜大于3m且不宜小于600mm。拼缝位置宜避开叠合板受力较大的位置。

叠合板的预制板拼缝处边缘宜设30mm×30mm的倒角，可保证叠合面钢筋保护层厚度，与梁、墙、柱相交处可不设。钢筋桁架叠合楼板，钢筋桁架应沿主要受力方向布置。钢筋桁架距板边应大于300mm，间距不宜大于600mm；钢筋桁架弦杆钢筋直径不宜小于8mm，保护层不应小于15mm，腹杆钢筋直径不应小于4mm。

当叠合楼板的预制部分未设置钢筋桁架，遇下述情况时，叠合楼板的预制板与后浇混凝土叠合层之间应设置抗剪构造钢筋，该抗剪构造钢筋宜采用马凳形状，间距不宜大于

400mm，钢筋直径不应小于 6mm，马凳钢筋宜伸到叠合板上、下部纵向钢筋处，预埋在预制板内的总长度不应小于 15$d$（$d$ 为钢筋直径），水平段长度不应小于 50mm。

（1）单向叠合板跨度大于 4m，且位于距离支座 1/4 跨范围内。

（2）双向叠合楼板短向跨度大于 4m，且位于距离四边支座 1/4 短跨范围内。

（3）悬挑叠合板。

（4）悬挑板的上部纵向受力钢筋在相邻叠合板的后浇混凝土锚固范围内。

### 2.3.1　预制叠合楼板

预制叠合楼板为半预制混凝土楼板构件，一半在工厂预制，一半在施工现场现浇。叠合楼板在工地安装到位后，进行二次浇筑，成为整体实心楼板，如图 2-8 和图 2-9 所示。普通叠合楼板是装配式混凝土建筑中最常用的叠合楼板形式，又可分为钢筋桁架叠合楼板和无钢筋桁架的叠合楼板。当叠合楼板跨度较大时，为满足预制楼板脱模、吊装时的整体刚度，在预制底板配置正常的受力钢筋外，还需配置凸出板面的弯折型细钢筋桁架，即为钢筋桁架叠合楼板，其中钢筋桁架将混凝土楼板的上下层钢筋连接起来，组成能承受荷载的空间小桁架，从而增加预制底板与现浇叠合层之间水平界面的抗剪性能和整体刚度，作为楼板下部的受力钢筋及板面钢筋的架立筋构件。施工阶段，验算预制板的承载力及变形时，可考虑钢筋桁架的作用，减少预制板下的临时支撑。在预制板制作、运输过程中，钢筋桁架可起到加强筋的作用。无钢筋桁架的普通楼板，其预制底板跨度相对较小，一般预埋马凳筋作为界面层的抗剪构造钢筋。

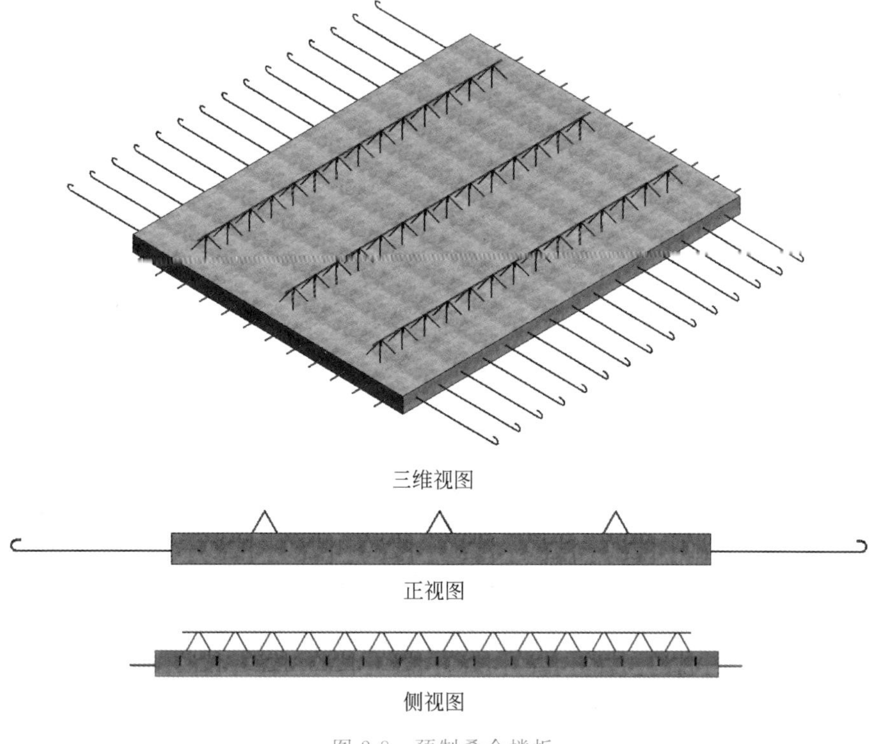


图 2-8　预制叠合楼板

图 2-9 预制叠合板现场图

叠合板可按照先临边后中间的原则顺时针或逆时针编制吊装顺序。

### 2.3.2 预应力空心叠合楼板

预应力空心叠合楼板是以预制预应力空心楼板为底板，板上现浇混凝土叠合层并配置受力钢筋形成的连续装配整体式叠合楼板结构。为保证预制底板的刚度和叠合板的整体性，楼板往往较厚、自重大，如图 2-10 所示。

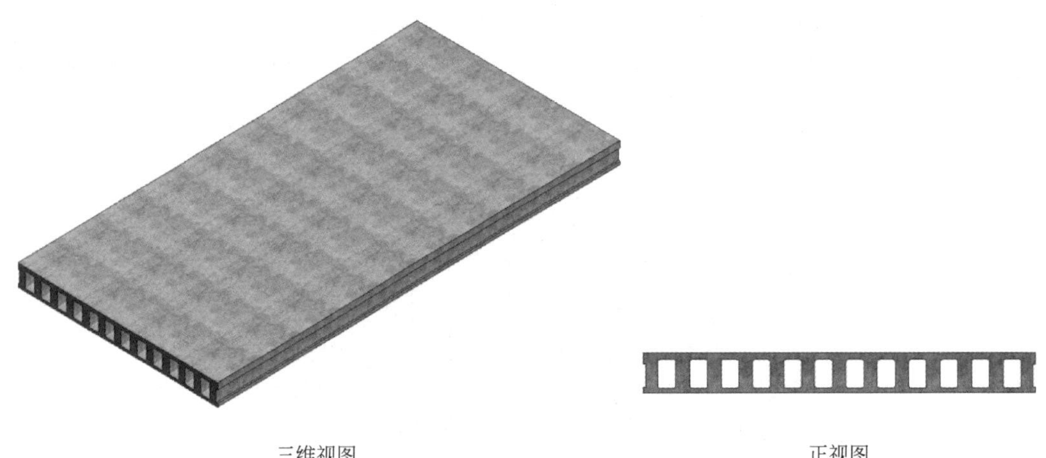


图 2-10 预制预应力空心楼板

### 2.3.3 预应力叠合楼板

预应力叠合楼板是一种新型的装配整体式预应力混凝土楼板，如图 2-11 所示。它是以倒“T”形预应力混凝土预制带肋薄板为底板，肋上预留椭圆形孔，孔内穿置横向非预应力受力钢筋，然后浇筑叠合层混凝土，从而形成的整体双向受力楼板。实际工程中可根据需要设计成单向板或双向板。板肋的存在增大了新、旧混凝土接触面，板肋预留孔洞内后浇叠合层混凝土与横向穿孔钢筋形成的抗剪销栓，可以保证叠合层混凝土与预制带肋底板形成整体协调受力并共同承载，加强了叠合面的抗剪性能。

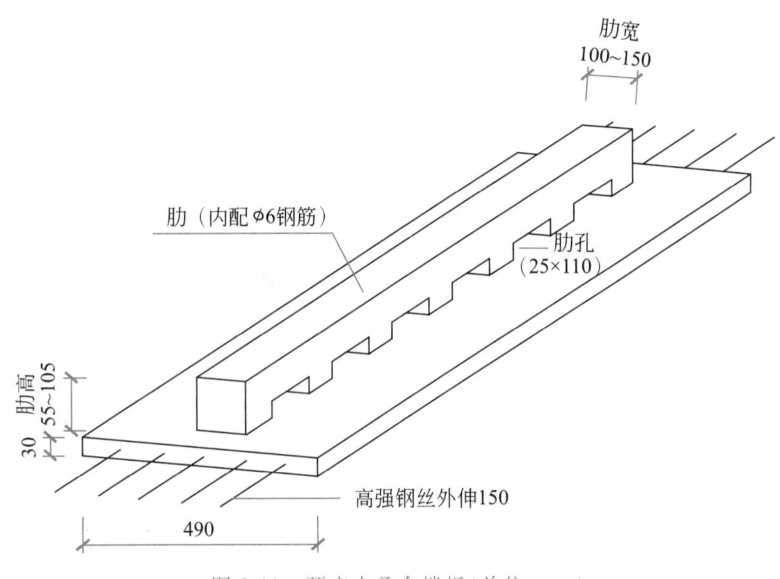


图 2-11　预应力叠合楼板(单位:mm)

PK 预应力混凝土叠合板具有以下优点。

(1) 预制底板 3cm 厚,是最薄、最轻的叠合板之一,自重约为 1.1kN/$m^2$。

(2) 用钢量省。由于采用 1860 级高强度预应力钢丝,故比其他叠合板用钢量节省 60%。

(3) 承载能力强。破坏性试验承载力可高达 1100kN/$m^2$。

(4) 抗裂性能好。由于采用了预应力,极大地提高了混凝土的抗裂性能。

(5) 新旧混凝土接合好。由于采用了 T 形肋,新旧混凝土互相咬合,新混凝土流入孔中形成销栓作用。

(6) 可形成双向板。在侧孔中横穿钢筋后,避免了传统叠合板只能作为单向板的弊病,且预埋管线方便。

### 2.3.4　双 T 形预应力叠合板

双 T 形预应力叠合板,其肋朝下,在板面浇筑混凝土形成叠合楼板,多用于公共建筑、厂房和车库等。当肋朝上时,则形成倒双 T 形预应力空腹叠合楼板,如图 2-12 和图 2-13 所示。

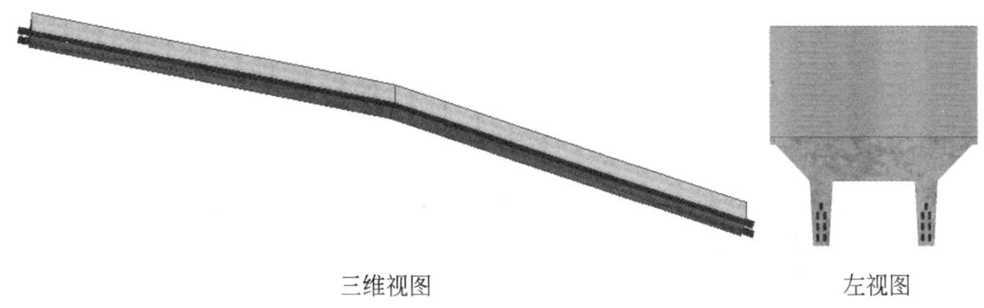


图 2-12　双 T 形预应力叠合板

图 2-13　双 T 形预应力叠合板现场图

### 2.3.5　实心楼板

实心楼板的生产流程和实心墙板相似，所有配筋在工厂完成，如图 2-14 所示。一般情况下，混凝土的厚度在 20cm 左右。和叠合楼板相比，装配式实心楼板不需要在工地现浇混凝土，故建造速度更快。实心楼板特别适用于交叉管多、荷载大以及防火等级高的建筑。

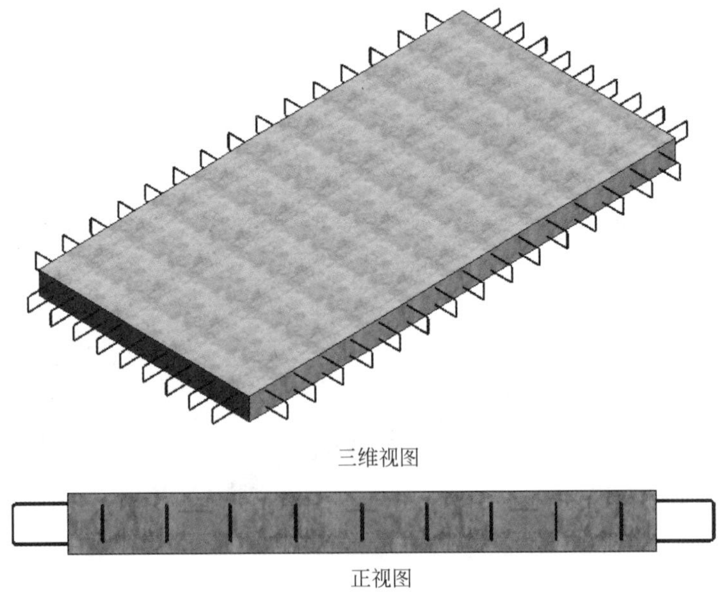


图 2-14　实心楼板

# 2.4　预 制 墙 板

## 2.4.1　外挂墙板

外挂墙板是安装在主体结构上，起围护、装饰作用的非承重预制混凝土外墙板。外挂墙板包括普通外挂墙板和夹芯外挂墙板，如图 2-15 和图 2-16 所示。

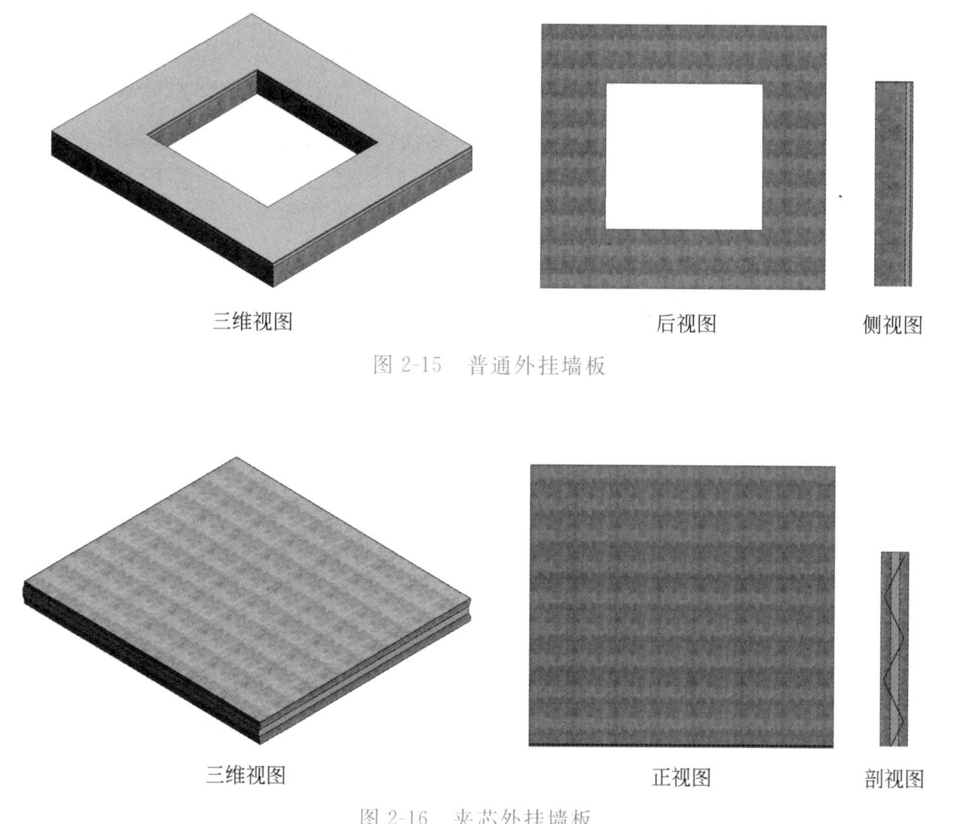


图 2-15　普通外挂墙板



图 2-16　夹芯外挂墙板

目前国内通常采用的预制夹芯外墙板是非组合式的夹芯墙板，外叶墙板仅作为围护构件，内叶墙板为受力构件。预制三明治夹芯保温外挂墙板是由内、外叶混凝土墙板、夹芯保温层和连接件组成的预制混凝土外墙板。连接件用于连接装配整体式预制夹芯外墙板中内、外叶混凝土墙板，使内、外叶墙板形成整体，连接件材料采用纤维增强塑料或不锈钢。保温层可采用无机类保温材料和有机类保温材料。预制夹芯外墙板的混凝土强度等级不应低于 C30。与建筑物主体结构现浇连接部分的混凝土强度等级应不低于预制夹芯外墙板的设计混凝土强度等级。

外挂墙板采用外饰面反打技术，将保温层与预制构件一体化，防水、防火及保温性能得到提高，实现建筑外立面无砌筑、无抹灰、无外架的绿色施工。外挂墙板的材料、选型和布置，应根据建筑功能、抗震设防烈度、房屋高度、建筑体型、结构层间变形、墙体自身抗侧力性能的利用等因素确定。经综合分析后应符合以下要求。

(1) 外挂墙板宜优先采用轻质墙体材料;应满足防水、保温、防火、隔声等建筑功能的要求;应采取措施减少对主体结构的不利影响。制作外挂墙板可选用普通混凝土,也可选用特种混凝土(如轻质混凝土、装饰混凝土等)或其他轻质材料(如木丝水泥等)。普通混凝土的防水、防火、保温、隔热等物理性能良好,但自重较大,对起重吊具、结构总重等要求较高。轻质混凝土自重小,可增加外墙保温隔热效果。彩色混凝土(或称装饰混凝土)可以直接作为围护结构和外装饰层,从而节约了装饰材料并减少了外装修工作量。其他轻质材料均有自身作为墙板的优势条件,如木丝水泥外墙板具有自重小,自保温性能好,隔声、吸声效果好,防潮、防腐蚀性能好等特点。

(2) 在正常使用状态下,外挂墙板应具有良好的工作性能。因为其作为建筑物的外围护结构,绝大多数外挂墙板均附着于主体结构,必须具备适应主体结构变形的能力。外挂墙板本身必须具有足够的承载能力和变形能力,避免在风荷载作用下破碎或脱落,特别是在沿海台风多发地区要引起重视。在风荷载作用下,主要问题是保证墙板系统自身的变形能力和适应外界变形的能力,避免因主体结构过大的变形而产生破坏。

外挂墙板在多遇地震作用下(包括风荷载作用),应能正常使用,外挂墙板及其与主体结构的连接节点应处于弹性工作状态,不应产生损坏;在设防烈度地震作用下经修理后应仍可使用,即外挂墙板可能有损坏,但不能有严重破坏,经一般性修理仍可继续使用;在预估的罕遇地震作用下,外挂墙板可能发生严重破坏,但墙板不应整体脱落,且夹芯保温板的外叶墙板也不应脱落。在地震作用下,墙板构件会受到强烈的动力作用,更容易发生破坏。防止或减轻地震危害的主要途径是在保证墙板本身有足够的承载能力的前提下,加强抗震构造措施。

(3) 外挂墙板的布置,应避免使结构形成刚度和强度分布上的突变;外挂墙板非对称均匀布置时,应考虑质量和刚度的差异对主体结构抗震不利的影响。

(4) 外挂墙板应与主体结构可靠连接,宜采用柔性连接,连接节点应具有足够的承载力,并应能适应主体结构不同方向的层间位移;在墙板平面内应该具有不小于主体结构在设防烈度地震作用下弹性层间位移角 3 倍的变形能力,即大致相当于罕遇地震作用下的层间位移。外挂墙板适应变形的能力,可以通过多种可靠的构造措施来保证,比如足够的胶缝宽度、构件之间的弹性或活动连接等。

(5) 外挂墙板的连接件应适应施工过程中允许的施工误差和构件制作误差。

构造要求:普通外挂墙板的厚度不宜小于 120mm,宜双层双向配筋,配筋率不应小于 0.15%且钢筋直径不宜小于 5mm,间距不宜大于 200mm。外挂墙板最外层钢筋的混凝土保护层厚度除有特殊要求外,应符合下列规定:对石材或面砖饰面,不应小于 15mm;对清水混凝土,不应小于 20mm;对露骨料装饰面,应从最凹处混凝土表面计起,且不应小于 20mm。预制夹芯外墙板外叶墙板的厚度不宜小于 50mm,内叶墙板的厚度不宜小于 80mm,保温材料的厚度不宜小于 30mm。

### 2.4.2 预制内隔墙

常用的预制内隔墙可以分为预制混凝土内隔墙和轻质龙骨隔墙板两类。

**1. 预制混凝土内隔墙**

预制混凝土内隔墙为非承重墙板,如图 2-17 所示。分户隔墙、楼、电梯间预制混凝土内隔墙应具有隔声与防火的功能。

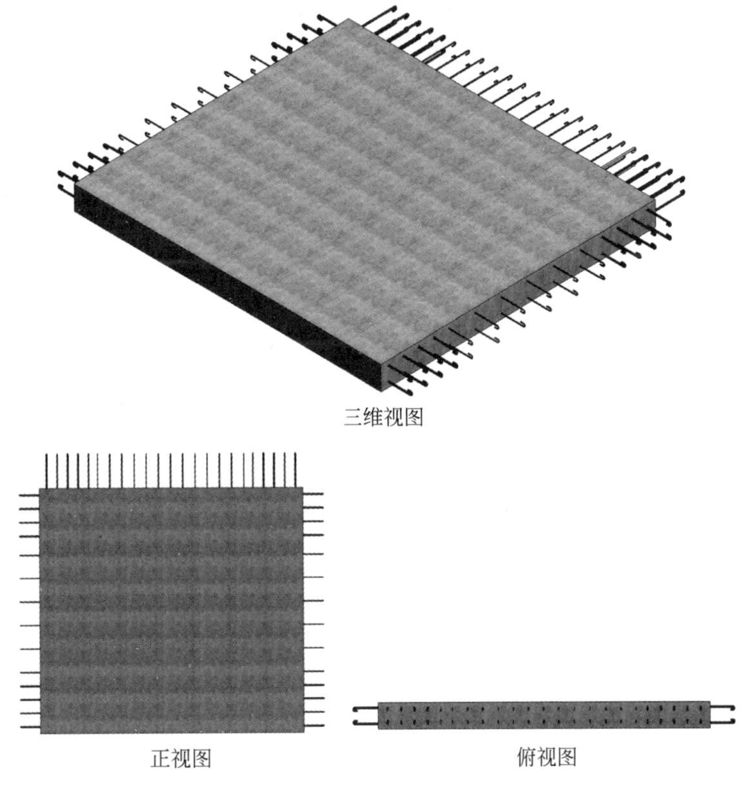


图 2-17　预制混凝土内隔墙

预制混凝土内隔墙从材料角度划分，可分为预制普通混凝土内隔墙、预制特种混凝土内隔墙（如轻质混凝土、蒸汽加压混凝土、装饰混凝土等）和预制其他轻质内隔墙（如木丝水泥等）。普通混凝土其防水、防火等物理性能良好，但自重较大，对起重吊具、结构总重等要求较高。轻质混凝土自重小，可增强墙体隔声、耐火性能。蒸汽加压混凝土板材又称为 ALC 板，是由防锈处理的钢筋网片增强，经过高温、高压、蒸汽养护而成的一种性能优越的轻质建筑材料，具有保温隔热、耐热阻燃、轻质高强、抗侵蚀、抗冻融老化、耐久性好、施工便捷等特性，可用于外围护墙。彩色混凝土（或称装饰混凝土）可以直接作为装饰层，从而节约了装饰材料并减少了装修工作量。其他轻质材料均有自身作为墙板的优势条件，如木丝水泥板有自重小，自保温性能好，隔声、吸声效果好，防潮、防腐蚀性能好等特点。

从形状角度划分，预制混凝土内隔墙可分为竖条板和整间板内隔墙。竖条板可以现场拼接成整体，整间板的大小是该片内隔墙的整个尺寸。

从空心角度划分，预制混凝土内隔墙有实心与空心两种，预制圆孔墙板如图 2-18 所示。轻质混凝土空心板内隔墙在国内应用比较普遍，安装方便，敷设管线方便，价格低。其板厚分别为 80mm、90mm、100mm、120mm，板宽分为 600mm、1200mm，包括单层板、双层板构造。

### 2. 轻质龙骨隔墙板

轻质龙骨隔墙板为非承重墙板。住宅套内空间和公共建筑功能空间隔墙可采用轻质龙骨隔墙板。轻质龙骨隔墙板由轻钢构架、免拆模板和填充材料构成。构架可以采用轻钢

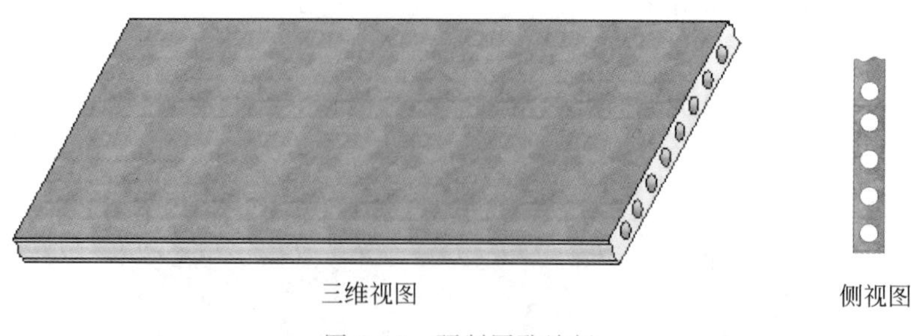


图 2-18 预制圆孔墙板

或其他金属材料，也可采用木材；模板可采用钢板、木质人造板、纤维增强硅酸钙板、纤维增强水泥板等；填充材料可采用不燃型岩棉、矿棉、轻质混凝土等具有隔声和保温功能的材料，内墙增加装饰层。

## 2.5 其他预制构件

### 2.5.1 预制楼梯（梯段、平台梁、平台板）

预制楼梯比现浇楼梯方便、精致，安装后马上就可以使用，能够给施工带来很大的便利，提高施工安全性。生产预制楼梯时，不需要设置复杂的框架，也不需要考虑天气是否合适，能够节省大量的材料并缩短工期。

预制装配式钢筋混凝土楼梯按其支承条件可分为梁承式、墙承式和墙悬臂式等类型。在一般民用建筑中，宜采用梁承式楼梯，如图 2-19 和图 2-20 所示。

图 2-19 现场楼梯图

预制装配梁承式钢筋混凝土楼梯梯段由平台梁支承，预制构件可按梯段（板式或梁式梯段）、平台梁、平台板三部分进行划分，板式梯段由梯段板组成。一般梯段板两端各设一根平台梁，梯段板支承在平台梁上。因梯段板跨度小，也可做成折板式，安装方便，免抹灰，节省费用。梁式梯段为整块或数块带踏步条板，其上下端直接支承在平台梁上，有效界面

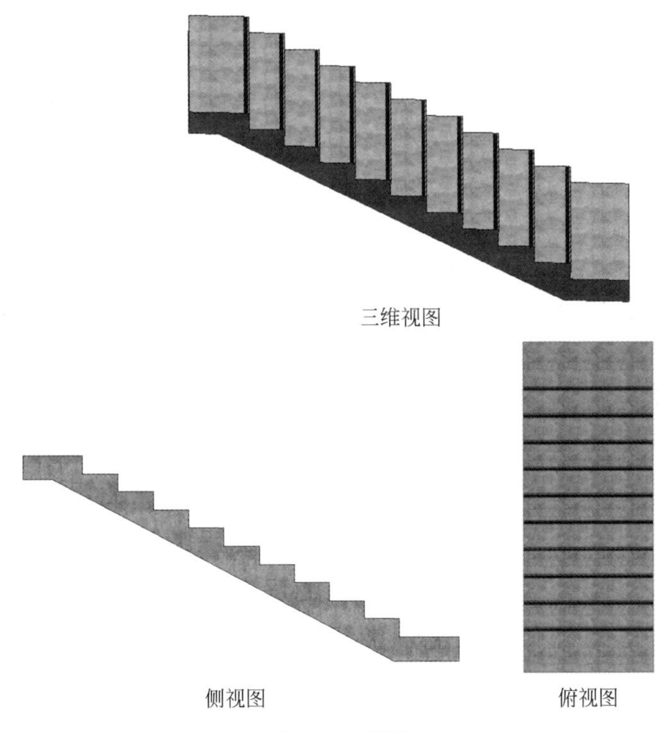


图 2-20 楼梯

厚度按 $L/30 \sim L/20$ 估算，$L$ 为楼梯跨度。平台梁构造高度按 $L'/12$ 估算，$L'$为平台梁跨度。为便于安装梯斜梁或板，平衡梯段水平分力并减少平台梁所占结构空间，一般将平台梁做成 L 形断面。

预制混凝土楼梯一般做成清水面的两端简支结构，并配有防滑条和栏杆预埋件。简支结构一端为不可平移的固定铰，另一端为可平移和转动的滑动铰，并配有防止滑落和掀起的措施。楼梯端部采用梯梁及挑耳支撑，挑耳设计要充分考虑自重、地震、温度作用等。预制楼梯与支撑结构之间宜采用一端为固定铰、一端为滑动铰的简支连接。另外，双跑楼梯的固定铰宜设置在楼面，剪刀楼梯的固定铰和滑动铰宜交错设置。预制钢结构楼梯更适用于突出建筑效果的异形楼梯，预制钢结构楼梯设计及施工更为简便，但应注意防腐、防锈处理，以及采取防火处理措施。

配筋构造：预制楼梯板的厚度不宜小于 100mm，宜配置连续的上部钢筋，最小配筋率为 0.15%；分布钢筋直径不宜小于 6mm，间距不宜大于 250mm，下部钢筋宜按两端简支计算确定并配置通长的纵向钢筋；当楼梯两端均不能滑动时，板底、板面应配置通长的纵向钢筋；预制板式楼梯的梯段板底应配置通长的纵向钢筋。板面宜配置通长的纵向钢筋。

其他构造要求：预制楼梯宜设计成模数化的标准梯段，各梯段净宽、梯段坡度、梯段高度应尽量统一；为避免后期安装楼梯栏杆时破坏梯面，预制楼梯栏杆宜预留插孔，孔边距楼梯边缘不小于 30mm；预制楼梯应确定扶手栏杆的留洞及预埋；当采用简支的预制楼梯时，楼梯间墙宜做成小开口剪力墙；楼梯挑耳作为梯段板的支承构件，应考虑受弯、受剪、受扭组合作用，需注意梯梁挑耳的计算构造措施；楼梯间位于建筑外墙时，楼梯平台板和楼梯梁宜采用现浇结构，平台板的厚度不应小于 100mm；预制楼梯侧面应设置连接件与预制墙板连接，连接件的水平间距不宜大于 1m。

楼梯间位于建筑外墙时，因梯段板为预制板，整体性差，对外墙不能产生较好的约束，使得墙体的无肢长度加大，墙体平面外的稳定不易保证，故需加强预制墙板的构造要求。预制墙板的划分和连接构造除满足承载力要求外，尚应满足墙体平面外稳定性要求。构造应符合下列规定：预制墙板宽度不宜大于 4m，竖向钢筋宜采用双排连接；连接钢筋水平间距不宜大于 400mm；楼梯间墙体长度大于 5m 时，墙体中间应设置现浇段，现浇段的长度不宜小于 400mm；每层应设置水平现浇带，水平现浇带高度不宜小于 300mm，配筋应符合现浇圈梁要求。

若楼梯梯段、休息平台、梯梁都为预制，应优先安装梯梁和休息平台；若平台板和梯段梁为现浇构件，须等现浇构件混凝土强度达到设计强度的 75%以上时才可吊装梯段。对于双跑楼梯，应先安装下梯段，再安装上梯段，避免增加施工难度。

### 2.5.2 预制混凝土阳台板（遮阳板、空调板）

预制混凝土阳台板能够克服现浇阳台板支模复杂，现场高空作业费时、费力以及高空作业时的施工安全问题。

#### 1. 预制阳台板

预制阳台板分为全预制阳台板（半预制）和叠合阳台板。

全预制阳台板是指根据设计将阳台板全部在工厂生产，运抵现场之后直接安装即可，不需要再浇筑混凝土。全预制阳台板的表面平整度可以和模具的表面一样平或者做成凹陷的效果，地面坡度和排水口也在工厂预制完成，如图 2-21 和图 2-22 所示。

叠合阳台板是指根据设计图纸将阳台板在工厂预制一部分，运抵现场吊装之后还需预埋水电管线、绑扎楼板上部钢筋及拼缝钢筋，最后再浇筑一层混凝土，使其与其他构件形成一个整体，如图 2-23 所示。

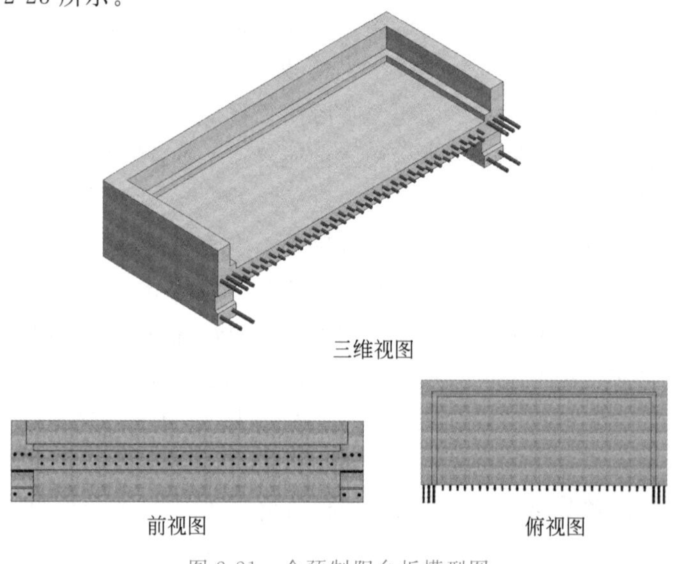


图 2-21 全预制阳台板模型图

图 2-22　全预制阳台板实物图

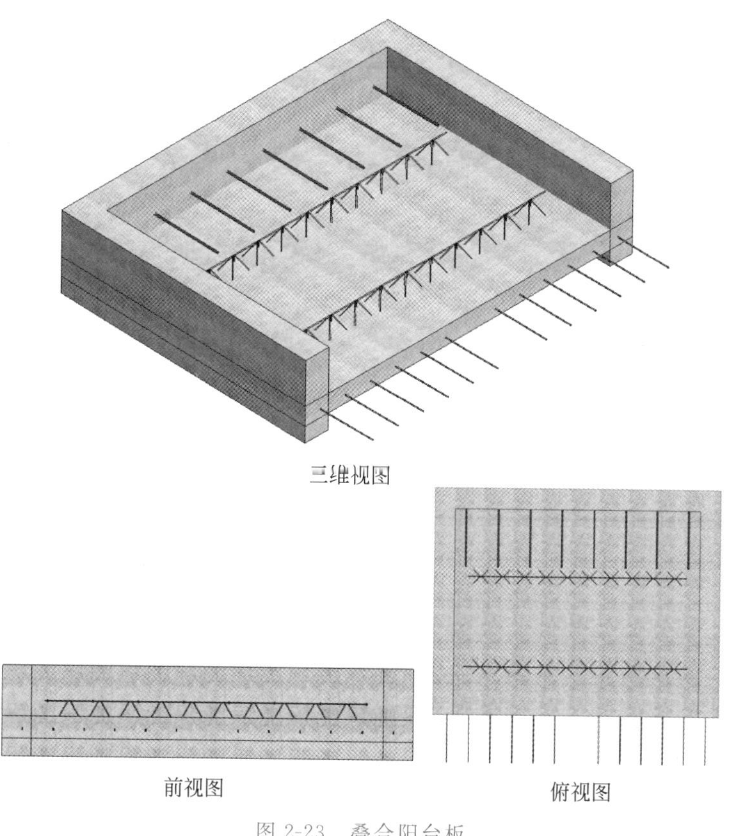


图 2-23　叠合阳台板

施工工艺流程：吊前水平模板支撑搭设→构件确认挂钩距地 200～300mm 静停→吊运至楼面 500mm 静停→落位→取钩→水平垂直度检查→预留钢筋与楼面筋和梁钢筋绑扎连接固定。

板式阳台一般在现浇楼面或现浇框架结构中采用，其根部与主体结构的梁板浇在一起，板上荷载通过悬挑板传递到主体结构的梁板上。板式阳台通常受结构形式的约束，一般悬挑长度小于 1.2m 时采用板式阳台。

梁式阳台是指阳台板自重及其上荷载，通过挑梁传递到主体结构的梁、墙、柱上的一种阳台形式。阳台板可与挑梁整体现浇在一起。另外，在阳台板外端部设封口梁。边梁一般都与阳台板一块现浇。当悬挑长度大于 1.2m 时一般采用梁式阳台。

当阳台标准化设计程度较高时，可选用全预制阳台；当全预制阳台构件要求超过塔式起重机吊装能力时，也可采用预制叠合板式阳台。当阳台标准化设计程度较低时，宜将阳台拆分成叠合梁和叠合板分开设计。

2. 预制混凝土空调板

预制混凝土空调板通常采用预制实心混凝土板，板顶预留钢筋通常与预制叠合板的现浇层相连，如图 2-24 所示。预制空调板主要分为两种：一种是三面出墙，预制空调板直接放置在墙上部；另一种是挑出的，预制空调板整块预制，伸出支座钢筋，钢筋锚固伸入现浇圈梁、楼板内。

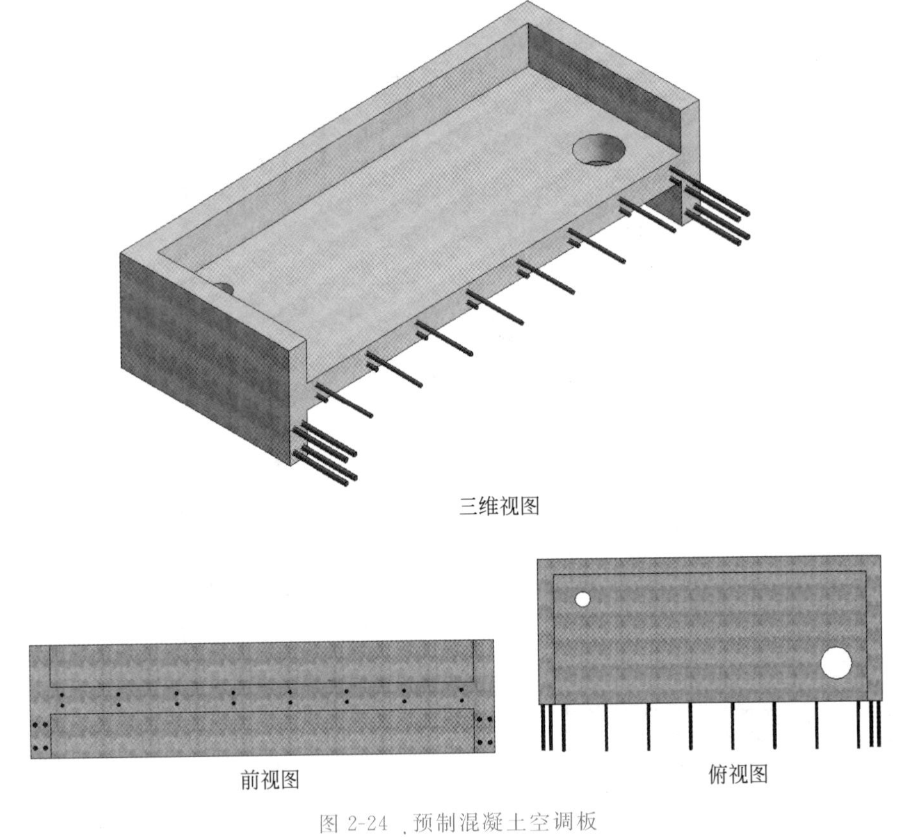


图 2-24 预制混凝土空调板

构造设置要求：预制空调板预留负弯矩筋伸入主体结构后浇层，并与主体结构梁板钢筋可靠绑扎，浇筑成整体，负弯矩筋伸入主体结构水平段长度不应小于 $1.1l_a$（$l_a$ 为负弯矩筋的锚固长度）；预制空调板结构板顶标高宜与楼板的板顶标高一致；预制空调板厚度宜取

80mm。预制钢筋混凝土空调板应预留排水孔及安装百叶预埋件;空调板宜集中布置,并与阳台合并设置。

### 2.5.3　飘窗

飘窗是凸出墙面的窗户的俗称。在装配式建筑中应尽量避免飘窗。但由于很多地区消费者的喜好,在市场上还是无法避免。整体式飘窗有两种类型,一种是组装式,即墙体与闭合性窗户板分别预制,现场组装在一起,制作相对简单,但整体性不好;另一种是整体式飘窗,整个飘窗一次预制完成,制作麻烦,而且质量大,对运输、吊装机械要求高,如图 2-25 和图 2-26 所示。

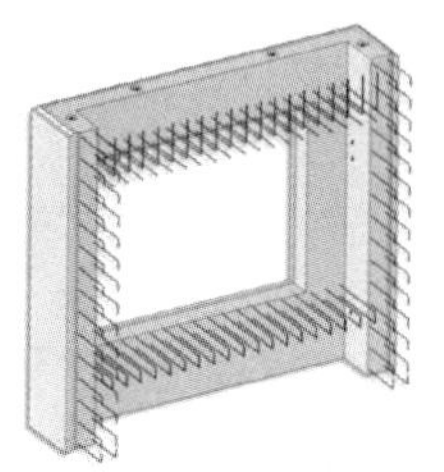

深化设计前BIM模型

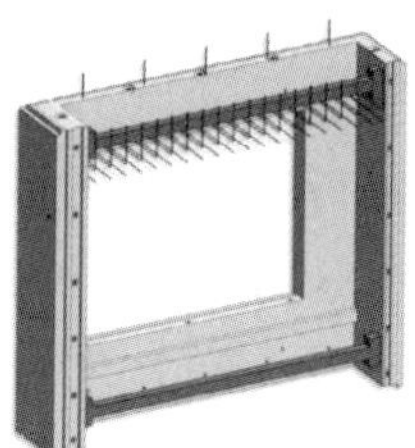

深化设计后BIM模型

预制飘窗墙

图 2-25　飘窗板深化设计

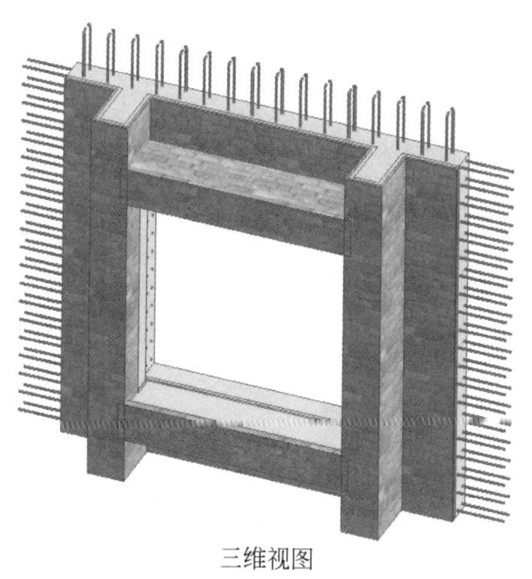

三维视图

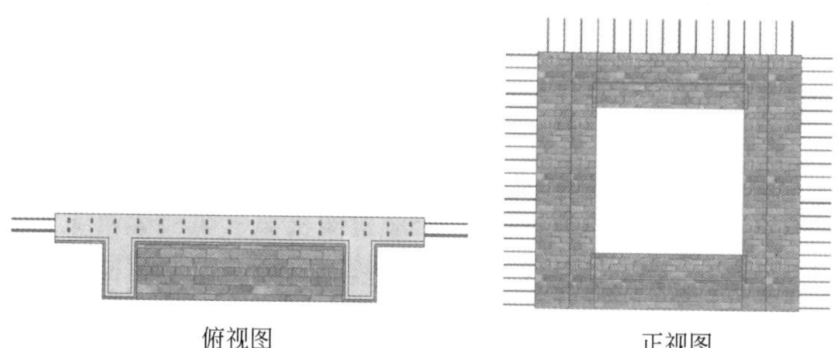


图 2-26　预制飘窗

构造要求：预制飘窗两侧应预留不小于 100mm 的墙垛，避免剪力墙直接延伸至窗边缘；当一面墙中存在两个飘窗时，可拆成两个飘窗构件，飘窗之间应预留后浇带连接，后浇带宽度应满足飘窗上部叠合梁、下部纵向钢筋连接作业的空间需求。

### 2.5.4 非线性构件

1. 预制混凝土女儿墙

预制混凝土女儿墙处于屋顶处外墙的延伸部位，通常有立面造型。采用预制混凝土女儿墙的优势是安装快速，节省工期，如图 2-27 所示。女儿墙有两种类型：一种是压顶与墙身一体化类型的倒 L 形；另一种是墙身与压顶的分离式。女儿墙墙身连接与剪力墙一样，与屋盖现浇带的连接用套筒灌浆连接或浆锚连接，竖缝连接为后浇混凝土连接。女儿墙压顶与墙身的连接用螺栓连接。设计构造要求如下：

(1) 预制女儿墙与后浇混凝土结合面应做成粗糙面，且凹凸不应小于 4mm；

(2) 预制女儿墙内侧在设计要求的泛水高度处应设凹槽；

(3) 每两块预制女儿墙在连接处需设置一道宽 20mm 的温度收缩缝；

(4) 剪力墙后浇段延伸至女儿墙顶(压顶下)作为女儿墙的支座。

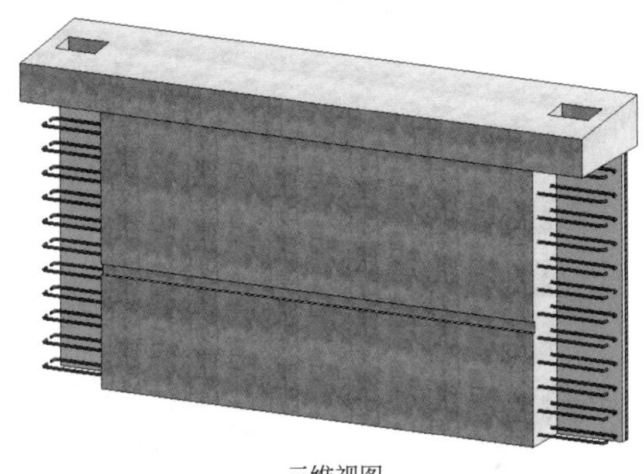

三维视图

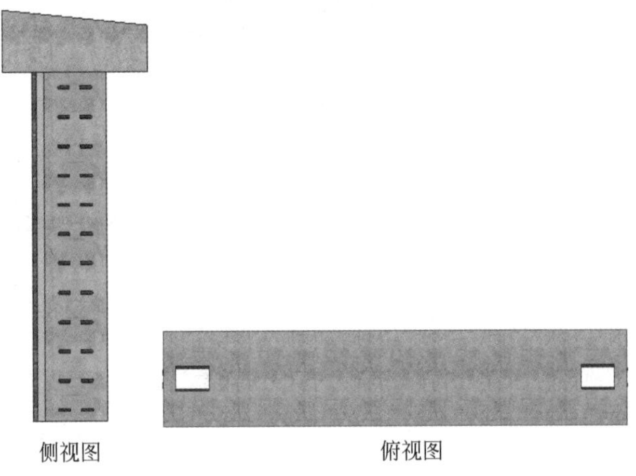


图 2-27 预制混凝土女儿墙板

2. 预制卫生间沉箱

(1) 预制卫生间沉箱至少两个对边有结构梁支撑。

(2) 预制卫生间沉箱侧壁四周应预留现浇层,叠合面与周边叠合梁需保持一致,现浇层应与周边梁一次浇筑完成。

(3) 当卫生间采用管井内置方案时,预制卫生间沉箱应与管井一起预制,管井内应做好管道预埋。

(4) 当卫生间采用管井外挂方案时,预制卫生间沉箱侧壁管道穿孔处应提前预埋穿墙钢套管,如图 2-28 所示。

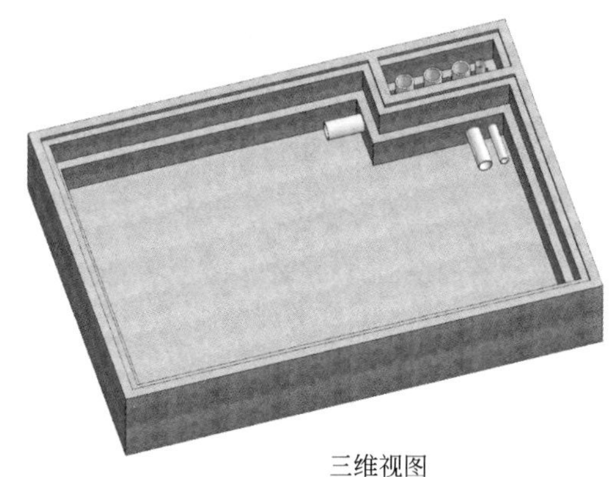

三维视图

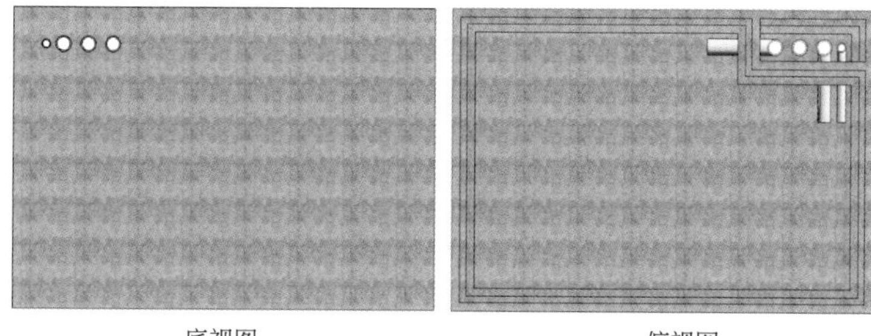

底视图　　俯视图

图 2-28　预制卫生间沉箱

## 学习笔记

# 第3章 装配式混凝土预制构件施工准备

装配式混凝土预制构件在安装施工前，要做好前期的准备工作。安装准备主要是为拟建工程的施工创造必要的技术、物质条件，统筹安排施工力量和部署施工现场，确保工程安装有序、顺利地进行。认真做好施工准备工作，对于发挥企业优势，强化科学管理，实现质量、工期、成本、安全四大目标，提高企业的综合经济效益，赢得企业社会信誉等方面，均具有极其重要的意义。装配式混凝土预制构件施工准备主要流程如图3-1所示。

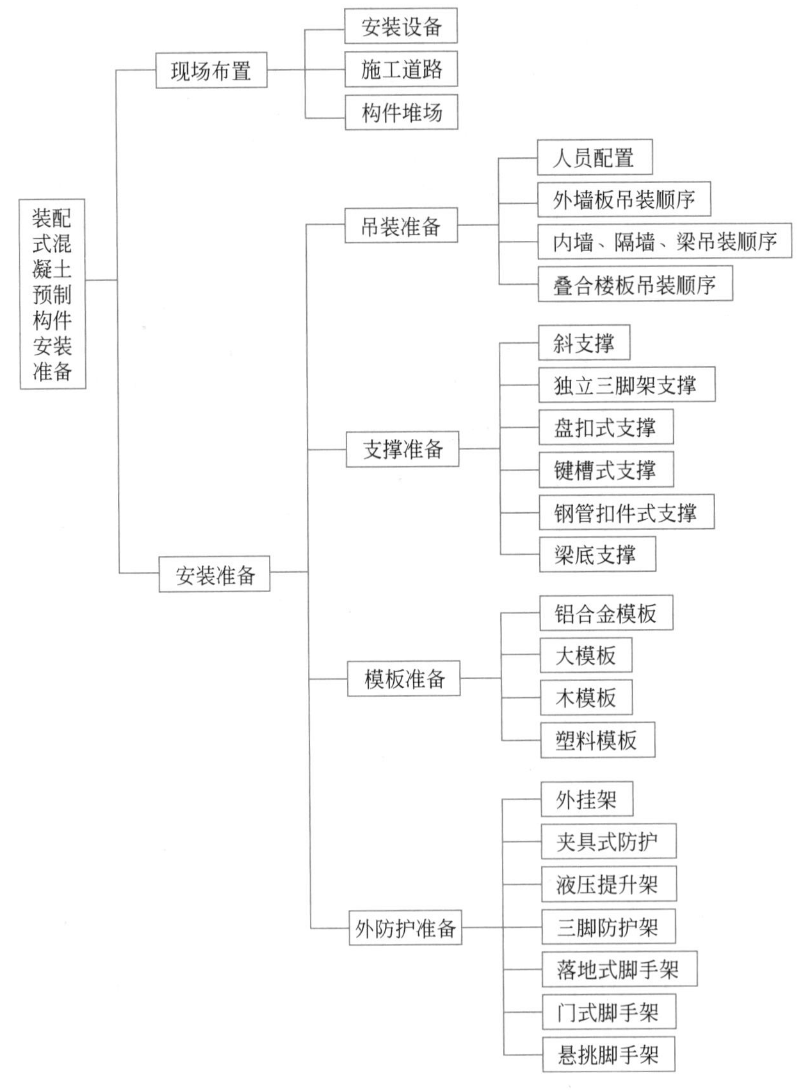


图3-1 装配式混凝土预制构件施工准备主要流程

# 3.1　装配式混凝土预制构件安装规范

## 3.1.1　国内规范

目前，涉及装配式混凝土预制构件安装的标准有很多，有国家标准、行业标准、地方标准。这些规范整体上对装配式混凝土预制构件的安装设备、安装准备、预制构件进场检查、预制构件场内存放、预制构件安装作业人员要求等方面做出了规定。国内装配式混凝土预制构件相关标准如表 3-1 所示。

表 3-1　国内装配式混凝土预制构件相关标准

| 序号 | 名　　称 | 标准编号 | 类　别 | 适用阶段 |
|---|---|---|---|---|
| 1 | 《装配式混凝土建筑技术标准》 | GB/T 51231—2016 | 国家标准 | 生产、安装、验收 |
| 2 | 《装配式建筑评价标准》 | GB/T 51129—2017 | 国家标准 | 评价 |
| 3 | 《混凝土结构工程施工规范》 | GB 50666—2011 | 国家标准 | 施工、验收 |
| 4 | 《建筑工程施工质量验收统一标准》 | GB 50300—2013 | 国家标准 | 验收 |
| 5 | 《混凝土结构工程施工质量验收规范》 | GB 50204—2015 | 国家标准 | 验收 |
| 6 | 《装配式混凝土结构技术规程》 | JGJ 1—2014 | 行业标准 | 设计、施工、验收 |
| 7 | 《钢筋套筒灌浆连接应用技术规程》 | JGJ 355—2015 | 行业标准 | 生产、施工、验收 |
| 8 | 《预制混凝土构件质量检验标准》 | DB11/T 968—2021 | 地方标准 | 生产 |
| 9 | 《装配式混凝土结构工程施工与质量验收规程》 | DB11/T 1030—2021 | 地方标准 | 施工、验收 |
| 10 | 《装配混凝土结构工程施工与质量验收标准》 | DB37/T 5019—2021 | 地方标准 | 施工、验收 |
| 11 | 《装配整体式混凝土结构工程预制构件制作与验收规程》 | DB37/T 5020—2014 | 地方标准 | 生产、验收 |

《装配式混凝土建筑技术标准》(GB/T 51231—2016)在 10.2 部分对装配式混凝土结构施工准备做出了较为详细的表述，包括专项施工方案宜包括工程概况、编制依据、进度计划、施工场地布置、预制构件运输与存放、安装与连接施工、绿色施工、安全管理、质量管理、信息化管理、应急预案等内容，并且对施工安装现场的布置做出了规定。

## 3.1.2　国外规范

PCI(美国预制预应力混凝土协会)的知识体系包括设计手册、设计指南与标准、文献、期刊、会议论文集、多媒体资料、预制企业认证标准、培训教材等。其中涉及构件安装与施工的手册列举如下：

MNL-120-04《预制预应力设计手册(第六版)》；

MNL-140-07《预制及预应力混凝土结构抗震设计(第一版)》；

MNL-138-08《预制预应力混凝土结构连接节点设计手册(第一版)》；

MNL-117-96《预制厂及预制建筑混凝土产品生产的质量控制手册(第三版)》;
MNL-122-07《预制建筑混凝土(第三版)》;
MNL-133-97《桥梁设计手册(第二版)》;
MNL-137-06《预制预应力混凝土桥构件产品的评估与修复手册》;
MNL-127-99《吊装作业人员手册:预制混凝土构件吊装标准和指南》;
MNL-132-95《预制及预应力混凝土吊装安全手册》。

## 3.2 装配式混凝土预制构件安装设备

装配式混凝土预制构件吊装是装配式混凝土结构施工过程中的重要工序之一,吊装工序极大程度上依赖起重机械设备。

预制构件起重设备的选型应综合考虑现场的场地条件、建筑物的总高度、层数、面积等因素,综合成本核算、施工进度情况、施工吊装情况,在楼间距较近且吊装不冲突时,选择汽车起重机或者塔式起重机。汽车起重机主要适用于场地面积较大且吊装量不大的低层厂房等建筑物的现场驳运。塔式起重机是适用于中高层装配式建筑构件的吊装,还可以兼顾其他施工材料的水平垂直运输。图 3-2 为正在安装的装配式建筑。

图 3-2 正在安装的装配式建筑

### 3.2.1 起重机布置

#### 1. 汽车起重机

(1) 汽车起重机布置:根据项目预制构件的最大质量和最远安装距离及总平面图初步确定汽车起重机所在位置;综合考虑汽车起重机最终位置以及最大起升高度是否满足要求。然后根据汽车起重机的参数来确定汽车起重机型号,优先选择满足施工要求且较小的汽车起重机型号。图 3-3 为常用汽车起重机。

图 3-3　汽车起重机

(2) 汽车起重机的布置位置还需满足汽车起重机的尺寸以及支腿纵、横向跨距范围，可参考图 3-4 确定。

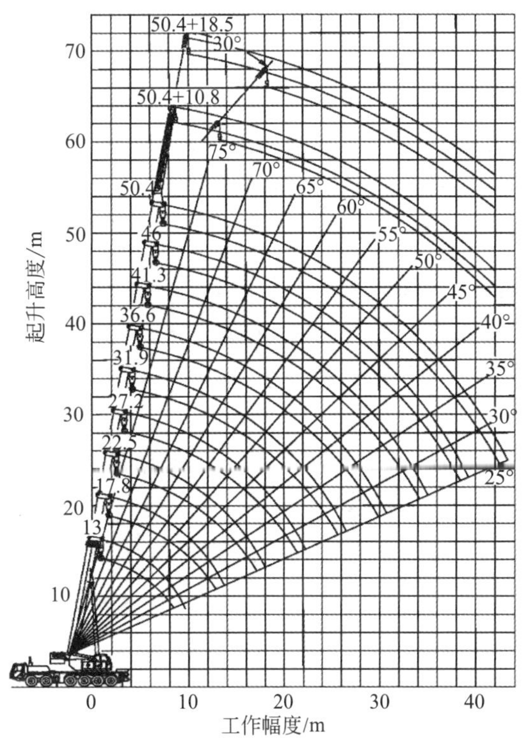


图 3-4　汽车起重机工作范围

(3) 对汽车起重机的起吊停靠位置的地面进行夯实硬化处理，满足需要的承载力。

(4) 根据汽车起重机起重高度及吊装距离的起重量选择合适的汽车起重机型号。在最终选择汽车起重机的时候，还需要注意汽车起重机在是否带配重及不同配重的情况下，起重量不相同。图 3-5 所示为典型汽车起重机主臂工作范围。

| 工作幅度/m | 主臂（不带活动配重时） 单位：kg | | | | | | | | |
|---|---|---|---|---|---|---|---|---|---|
| | 支腿全伸，侧方、后方作业 | | | | | | | | |
| | 13.0 | 17.8 | 22.5 | 27.2 | 31.9 | 36.6 | 41.3 | 46.0 | 50.4 |
| 20.0 | | | | 5400 | 6300 | 6800 | 7200 | 7500 | 7700 |
| 22.0 | | | | 3900 | 4800 | 5400 | 5800 | 6200 | 6400 |
| 24.0 | | | | | 3600 | 4300 | 4700 | 5000 | 5200 |
| 26.0 | | | | | 2500 | 3300 | 3700 | 4000 | 4300 |
| 28.0 | | | | | **1700** | **2500** | **2800** | **3200** | **3500** |
| 30.0 | | | | | | 1500 | 1900 | 2500 | 2800 |
| 32.0 | | | | | | 1000 | 1500 | 1800 | 2200 |
| 34.0 | | | | | | | 1000 | 1300 | 1700 |
| 36.0 | | | | | | | | 800 | 1200 |
| 38.0 | | | | | | | | | 800 |

| 工作幅度/m | 主臂（带活动配重时） 单位：kg | | | | | | | | |
|---|---|---|---|---|---|---|---|---|---|
| | 支腿全伸，侧方、后方作业 | | | | | | | | |
| | 13.0 | 17.8 | 22.5 | 27.2 | 31.9 | 36.6 | 41.3 | 46.0 | 50.4 |
| 20.0 | | | | 9000 | 9700 | 10300 | 10900 | 11000 | 9300 |
| 22.0 | | | | 7200 | 7900 | 8500 | 9000 | 9400 | 8700 |
| 24.0 | | | | | 6200 | 7000 | 7600 | 7900 | 8000 |
| 26.0 | | | | | 5000 | 5800 | 6300 | 6500 | 6900 |
| 28.0 | | | | | | **4900** | **5200** | **5600** | **5800** |
| 30.0 | | | | | | 3900 | 4300 | 4800 | 4900 |
| 32.0 | | | | | | 3000 | 3600 | 3900 | 4200 |
| 34.0 | | | | | | | 2800 | 3200 | 3600 |
| 36.0 | | | | | | | 2200 | 2700 | 2900 |

图 3-5 有、无活动配重的汽车起重机主臂工作范围

### 2. 塔式起重机

(1) 塔式起重机布置:根据该项目预制构件的质量及总平面图初步确定塔式起重机所在位置;综合考虑塔式起重机最终位置并且考虑塔式起重机附墙长度是否符合规范要求,常用塔式起重机如图 3-6 所示。然后根据塔式起重机参数,以 5m 为一个梯段找出最重构件的位置,来确定塔式起重机型号,优先选择满足施工要求且较小的塔式起重机型号。为有效防止塔式起重机吊运构件时出现大臂抖动现象,可根据预制构件质量及所在塔式起重机大臂位置,结合塔式起重机吊运能力参数,按塔式起重机吊运能力不小于构件质量的 1.25 倍来确定合适的塔式起重机型号。检验构件堆放区域是否在吊装半径之内,且相对于吊装位置正确,避免二次移位。

图 3-6 塔式起重机

(2) 钢扁担吊具的质量约为 500kg,起重时应考虑该质量。

(3) 平面中塔式起重机附着方向与塔身所形成的角度应在 30°～60°,附着所在剪力墙的宽度不得小于埋件宽度,长度需满足要求;附着尽量打在剪力墙柱上,打在叠合梁上需经过结构设计确定。

(4) 塔式起重机所在位置应满足塔式起重机拆除要求,即塔臂与平行于建筑物外边缘之间净距离大于或等于 1.5m;塔式起重机拆除时前后臂正下方不得有障碍物。

(5) 塔式起重机基础参照设备厂家资料,不满足地基承载力要求需对地基进行处理。

(6) 塔式起重机之间间距以及距已有建筑物、高压电线等的安全距离需满足《塔式起重机安全规程》(GB 5144—2006)中的有关规定。

① 塔式起重机的尾部与周围建筑物及其外围施工设施之间的安全距离不小于 0.6m。

② 有架空输电线的场合,塔式起重机的任何部位与输电线的安全距离应符合表 3-2 中的规定。如因条件限制不能保证表 3-2 中的安全距离,应与有关部门协商,并采取安全防护措施方可架设。

表 3-2 塔式起重机与输电线安全距离一览表 单位:m

| 方向 | 电压/kV | | | | |
|---|---|---|---|---|---|
| | <1 | 1～15 | 20～40 | 60～100 | 220 |
| 沿垂直方向 | 1.5 | 3.0 | 4.0 | 5.0 | 6.0 |
| 沿水平方向 | 1.0 | 1.5 | 2.0 | 4.0 | 6.0 |

③ 两台塔式起重机之间最小架设距离应保证处于低位塔式起重机的起重臂端部与另一台塔式起重机的塔身之间至少有 2m 的距离;处于高位塔式起重机的最低位置的部件(吊钩升至最高点或平衡重的最低部位)与低位塔式起重机中处于最高位置部件的直接垂直距离不应小于 2m。

(7) 当预制构件数量少、构件质量较轻时,可每栋只布置一台塔式起重机。

(8) 若吊装工程量大或工期紧迫时,可每栋布置多台塔式起重机,以加快施工进度。

## 3.2.2 安装吊具

预制构件属于大型构件,在构件起重、安装和运输中应根据构件形状、尺寸及质量等要求选择适宜的吊具,对于单边长度大于 4m 的构件应当设计专用的吊装平面框架或横担。预制剪力墙、预制梁可使用一字形吊装架(钢梁)吊运,叠合板、预制楼梯可使用平面吊装架吊运。吊装架一般使用工字钢、槽钢等型钢制作。表 3-3 为装配式混凝土预制构件常用安装吊具。

表 3-3 装配式混凝土预制构件常用安装吊具

| 序号 | 名称 | 图例 | 备注 |
|---|---|---|---|
| 1 | 钢制平衡梁 | | 竖向预制构件吊装工具 |
| 2 | 吊架 | | 叠合楼板吊装工具 |

续表

| 序号 | 名　称 | 图　例 | 备　注 |
| --- | --- | --- | --- |
| 3 | 万能吊环（鸭嘴扣） |  | 与预制构件上的吊钉连接 |
| 4 | 卸扣 |  | 直接与被吊物连接，用于索具与末端配件之间，起连接作用 |
| 5 | 吊钩 |  | 借助于滑轮组等部件悬挂在起升机构的钢丝绳上 |
| 6 | 钢丝绳 |  | 预制构件吊装 |
| 7 | 缆风绳 |  | 墙板落位时使墙板不受摆动 |
| 8 | 防坠器 | 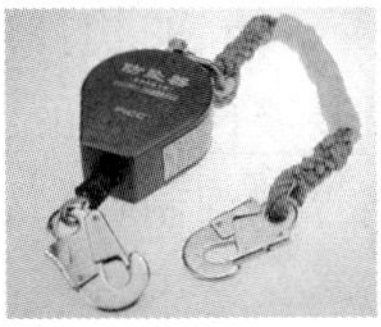 | 安全防护用品 |
| 9 | 悬挂双背安全带 |  | 安全防护用品 |

以上材料中，钢丝绳的型号及数量需通过计算选择。钢丝绳的数量根据吊点的数量确定，钢丝绳规格根据项目中最重预制构件计算确认，钢丝绳的长度根据项目中相邻吊点之间最大间距计算确认。

### 3.2.3 安装材料与辅助设施

常用的安装材料与辅助设施如表 3-4～表 3-6 所示，图 3-7 为常用吊装耗材的安装位置，图 3-8 为常用支撑材料的安装位置，图 3-9 为部分支撑材料的应用实例。

表 3-4 常用吊装耗材

| 序号 | 名 称 | 图 例 | 备 注 |
|---|---|---|---|
| 1 | 外墙板定位件 | | 将外墙板与楼面连成一体，同时方便外墙板就位 |
| 2 | 内墙板定位件 | | 将内墙板与楼面连成一体，同时方便内墙板就位 |
| 3 | 垫块 | | 用于水平调整 |
| 4 | L 形连接件 | | 外墙板阳角处拼缝连接 |
| 5 | 一字连接件 | | 外墙板阴角处拼缝连接 |
| 6 | 一字加长连接件 | | 两块外墙板套筒间隔较大处(两块外墙板中隔着一块墙板) |
| 7 | 连接螺栓 | | 斜支撑固定、L 形连接件固定、一字连接件固定、墙板定位件固定 |
| 8 | 自攻螺钉 | | 斜支撑固定、墙板定位件底部固定 |

表 3-5 常用支撑材料 1

| 序号 | 名 称 | 图 例 | 备 注 |
|---|---|---|---|
| 1 | 拉钩斜支撑 |  | 竖向预制构件临时固定(楼板上需预埋拉环) |
| 2 | 平板斜支撑 |  | 竖向预制构件临时固定 |
| 3 | U1 形梁底夹具 |  | 叠合梁底支撑 |
| 4 | U2 形梁底夹具 | 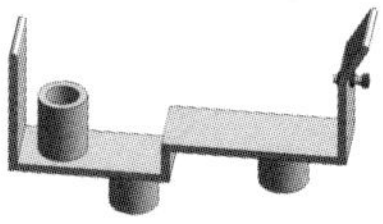 | 叠合梁底夹具 |
| 5 | Z 形梁底夹具 | 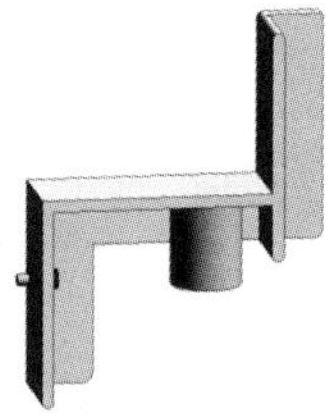 | 外墙叠合梁支撑 |
| 6 | 梁底夹具立杆 |  | 叠合梁底支撑 |

表 3-6　常用支撑材料 2

| 序号 | 名　　称 | 图　　例 | 备　　注 | |
|---|---|---|---|---|
| 1 | 木工字梁 |  | 叠合板底支撑 | 独立支撑 |
| 2 | 三脚架支撑 |  | 临时固定板底支撑 | |
| 3 | 独立顶托 | 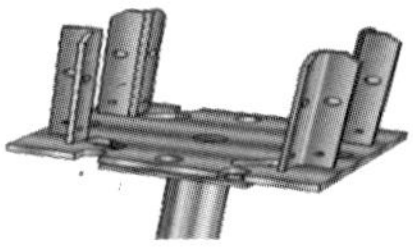 | 叠合板底支撑 | |
| 4 | 独立立杆 |  | 叠合板底支撑 | |
| 5 | 工具式支撑立杆 |  | 叠合板底支撑 | 工具式支撑 |
| 6 | 工具式顶托 | 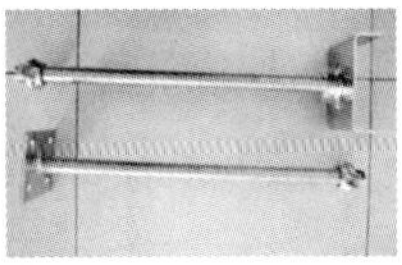 | 叠合板、梁底支撑 | |
| 7 | 工具式支撑横杆 |  | 叠合板底支撑 | |
| 8 | 工具式活动扣件 | 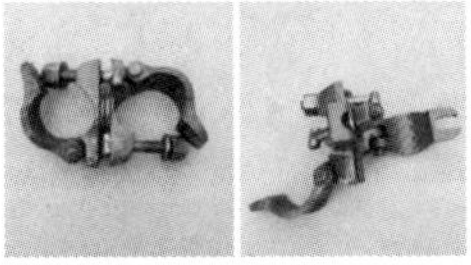 | 叠合板、梁底支撑 | |

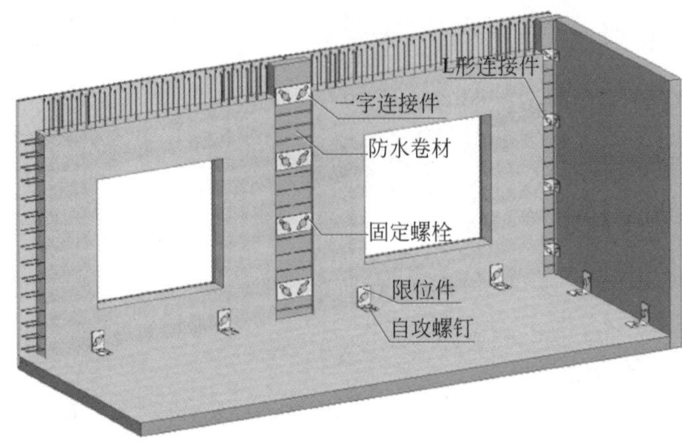


图 3-7　常用吊装耗材的安装位置

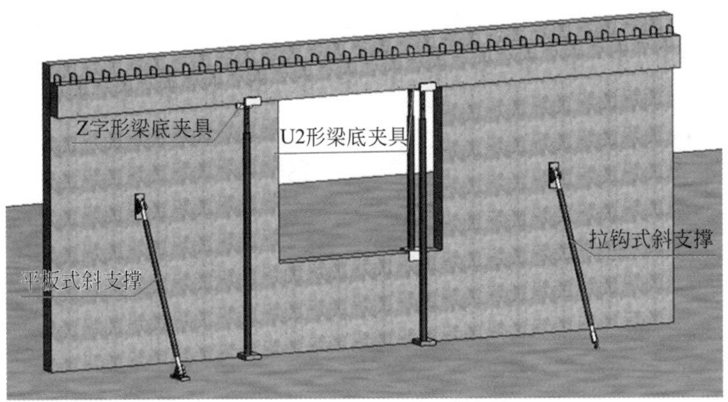


图 3-8　常用支撑材料的安装位置

图 3-9　部分支撑材料的应用实例

# 3.3　装配式混凝土预制构件安装准备

对于装配式建筑项目来说，安装准备是项目前期施工策划中必不可少的一步。编制安装策划能帮助现场操作人员更加安全高效地完成各类安装作业。项目施工现场管理人员应要求施工操作人员严格按照施工策划内容进行安装作业，以减少错误操作造成的经济损失及工期延误。

根据项目的规模和特点，在确定好满足要求的起重设备和布置位置后，进行预制构件吊装方案的编制。一般情况下，先吊装外围护构件，再吊装内墙板、叠合梁、隔墙板，最后吊装叠合楼板和楼梯。

预制构件吊装策划包含吊装作业人员配置、外墙板吊装顺序、内墙板吊装顺序、隔墙板吊装顺序、叠合梁吊装顺序、叠合楼板吊装顺序等。

## 3.3.1　安装计划编制

### 1. 吊装作业人员配置

吊装作业人员配置表格如表3-7所示。

表3-7　吊装作业人员配置

| 序号 | 操作工种 | 工种类型 | 工作内容 |
|---|---|---|---|
| 1 | 塔式起重机司机 | 特种工人 | 吊运构件 |
| 2 | 塔式起重机指挥员 | 特种工人 | 指挥吊装和落位 |
| 3 | 吊装工人 | 特种工人 | 挂钩、取钩、调直、安装斜支撑及连接件 |

### 2. 外墙板吊装顺序编制原则

(1) 编制外墙板吊装顺序时，先安排吊装楼梯间或电梯井处的外墙板，也可安排从大阳角开始吊装。

(2) 完成开始的编制后，应逐一按顺时针或逆时针顺序进行编制，切勿中间漏编墙板而采取后面插入，以免增加吊装施工难度。

(3) 有个别内墙或梁(与其他梁、内墙一起吊装会加大施工难度的)必须先吊装的，可以编制在外墙板吊装顺序中。

(4) 吊装顺序编制时需用“开始”“结束”字样标识吊装开始位置及结束位置。

### 3. 内墙板、叠合梁、隔墙板吊装顺序编制原则

(1) 内墙板与叠合梁应穿插吊装并应考虑分区施工，方便后续其他工种的施工作业。

(2) 梁高的先吊，梁低的后吊(如两根相邻的梁，1号梁截面尺寸为500mm×300mm，2号梁截面尺寸为400mm×300mm，应先吊装1号梁)。

(3) 当出现3根梁底部钢筋分别下锚、直锚、上锚时，应先吊装钢筋向下锚的梁，其次

吊装钢筋直锚的梁，最后吊装钢筋上锚的梁。

(4) 隔墙板安排在柱子或剪力墙混凝土浇筑完成且拆模后吊装，编制吊装顺序时，应遵循分区分段的吊装原则，逐一从一个方向往另外一个方向吊装。

### 4. 叠合楼板吊装顺序编制原则

(1) 优先吊装梯段及歇台板，方便材料的转运和人员的出入，空调板在相邻楼板吊装完成后同时段内吊装，便于防护的搭设。

(2) 待梯段吊装完成后，将梯段周围楼板吊装完成，再以先临边后中间的原则，顺时针或者逆时针吊装楼板。

(3) 楼板吊装时，可考虑分区分段施工，方便后续钢筋绑扎及水电预埋的搭接施工。

(4) 如平台板为现浇构件，梯段预制时，须等平台板混凝土强度达到设计强度的75%以上方可吊装梯段。

### 5. 支撑策划

(1) 支撑分为竖向构件的斜支撑和水平构件的板底支撑、梁底支撑。

(2) 斜支撑主要分为两种，一种是带拉钩的斜支撑，另一种是自攻钉式斜支撑，前者适用于预埋管线较多的位置，后者适用于预埋管线较少的位置和一些特殊位置。

(3) 水平构件的支撑分为叠合板底支撑和梁底支撑。

(4) 叠合板底支撑分为独立式三脚架支撑体系、工具式支撑体系(如盘扣式、轮扣式、碗扣式等)、键槽式支撑体系和钢管扣件式支撑体系，不同的支撑体系在实际使用的过程中操作步骤、注意事项和适用范围各不相同。

### 6. 梁底支撑

梁底支撑分为Z形梁底支撑和U形梁底支撑。

### 7. 支撑形式

1) 斜支撑

装配式建筑斜支撑两头都设有可调螺杆，一般装配式建筑斜支撑由单杆组成，调节方便、操作简单、稳定性强，如图3-10～图3-12所示。装配式建筑斜支撑的主要作用是调整预制构件的安装垂直度以及在现浇混凝土施工完成前防止预制构件倾覆。

图3-10 拉钩斜支撑

图3-11 自攻钉斜支撑

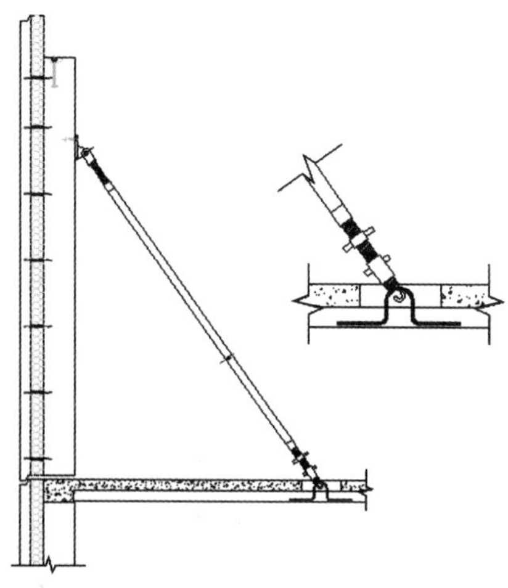

图 3-12　斜支撑示例

斜支撑平面布置的基本原则如下。

(1) 根据墙板的长度定斜支撑的根数,4m 以下的墙板布设 2 根支撑,4m 以上的墙板布设 3 根支撑,且布置在 PC 构件的同一侧(先布置板两端的斜支撑,后布置中间斜支撑)。

(2) 斜支撑连接方式为竖向预留套筒,水平预埋拉环。

(3) 斜支撑安装位置需考虑模板安装,建议距现浇剪力墙≥500mm。带窗框的预制构件,斜支撑预埋套筒不宜安装在窗框以内。

(4) 同一块预制构件的斜支撑拉环不能共用。

(5) 斜支撑预埋拉环的方向需与斜支撑方向在同一平行线上。

(6) 斜支撑的布置需考虑施工通道。

(7) 斜支撑的样式需通用,特殊部位(电梯井、楼梯间等)特殊设计。

(8) 阳角处两块 PC 构件上的斜支撑在平面图上有相交时,两根斜支撑的交点分别距 PC 构件的距离的差应大于 100mm。

拉钩斜支撑的套筒预留预埋注意事项如下。

(1) 墙板需在相应位置预埋套筒,套筒规格根据不同构件采用的型号不同。满足受力要求即可。

(2) 斜支撑距地面高度不宜小于构件高度的 2/3,且不应小于构件高度的 1/2。

(3) 楼板需在相应位置预埋支撑环。

(4) 支撑环一般采用 $\phi$14mm 圆钢。施工时需注意在支撑环相应位置预留孔,保证斜支撑有固定空间。

根据项目的层高不同以及 PC 构件的高度,一般将斜支撑定位 2m(使用长度 2.5～2.7m)以及 2.5m(使用长度 3.0～3.2m)。特殊情况下可以根据需要再调整斜支撑设计加工图纸。

2) 独立式三脚架支撑

独立式三脚架支撑是装配式建筑结构体系中常用的一种叠合板底支撑类型,一般用于房建项目。近年来,由于独立式支撑的种种优点,加上国家节能减排、绿色施工政策的推广，其受到了越来越多施工单位及业主方的青睐。

独立式三脚架支撑主要由三脚架、独立立杆、独立顶托、工字梁4部分组成。其中独立立杆分为上部的插管与下部的套管，如图3-13和图3-14所示。

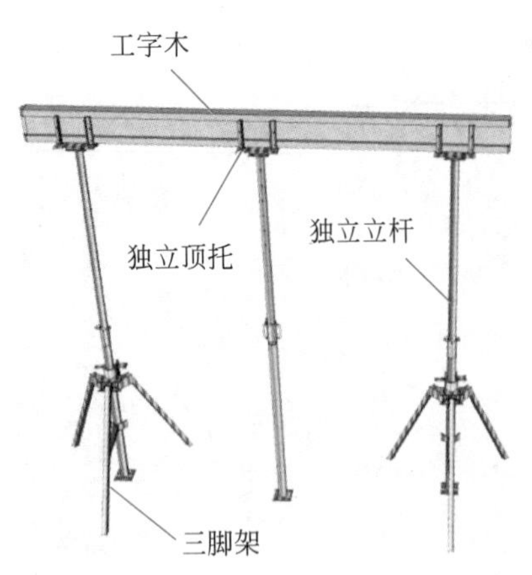


图3-13 独立式三脚架支撑

图3-14 独立式三脚架支撑体系应用案例

独立式三脚架支撑布置原则如下。

(1) 工字木长端距墙边不小于300mm，侧边距墙边不大于700mm。

(2) 独立立杆距墙边不小于300mm，不大于800mm。

(3) 独立立杆间距小于1.8m，当同一根工字木下两根立杆之间间距大于1.8m时，需在中间位置再加一根立杆，中间位置的立杆可以不带三脚架；工字木方向需与预应力钢筋(桁架钢筋)方向垂直。

(4) 工字木端头搭接处不小于300mm。

(5) 独立式支撑体系不适用于悬挑构件，如空调板、外阳台、楼梯休息平台等。

独立式三脚架支撑具有以下优点。

(1) 应用方便：独立支撑可伸缩调节长度尺寸，并可微调，相互之间无固定水平链接杆件，独立支撑顶部配有相应的支撑头与主次梁、钢铝框模板、铝合金模板、塑料模板等连接，安装、拆除方便。

(2) 施工速度快：独立支撑系统结构简单，用钢量少，因此，劳动量减少，劳动效率高。以塔式住宅楼为例，每层600～800m$^2$ 支模面积仅需半天时间，仅为其他支撑系统所需时间的1/2～1/3。

(3) 节省大量钢材：在同样的支模面积条件下，独立支撑比碗口式支模架、钢管扣件支模架耗钢量少，约为碗口式支模架或钢管扣件支模架的30%。

(4) 降低施工成本：由于减少了水平模板及支撑系统的一次投入量，又能实现梁板模板早拆，加速模板及支撑系统的周转，同时节约了大量人工费，因此能明显降低了施工成本。

(5) 施工现场文明通畅：独立支撑的施工现场，立杆少，无水平杆，因而人员通行、材料搬运畅通，现场文明整洁。

(6) 垂直运输减少：独立支撑可由人工从楼梯间倒运，也可集中到卸料平台上由塔式起重机垂直运输，由于独立支撑用钢量少，因此垂直运输量明显减少。

独立式三脚架支撑的缺点：独立式三脚架支撑稳定性相对于其他支撑体系稳定性不足，因此，独立式三脚架支撑一般不适用于跨度过大或层高超过 3m 的项目，一般在装配式项目中使用，但不宜作为悬挑及现浇构件的板底支撑来使用。

3）键槽式支撑

承插型键槽式钢管承重支架体系是由承插型键槽式钢管承重支架、可调丝杆代替主龙骨的水平加强杆、活动扣件、可调早拆头组成的模板快拆支撑体系。承插型键槽式钢管承重支架体系具有显著的经济效益和良好的社会效益，是一种工具化的新型建筑材料与技术，如图 3-15 和图 3-16 所示。

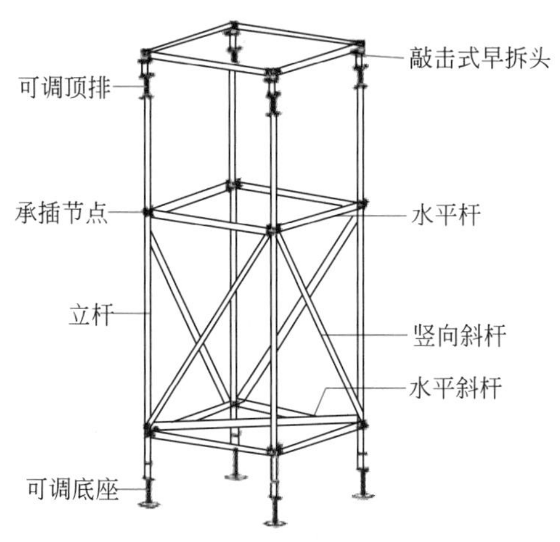


图 3-15 键槽式支撑

图 3-16 键槽式支撑体系应用案例

键槽式支撑布置原则如下。

（1）针对键槽式支撑进行施工安全、技术交底资料。

（2）项目部组织现场管理人员和施工人员认真学习施工图纸和《建筑施工承插型键槽式钢管支架安全技术规程》(DBJ 43/T 313—2015)。

（3）根据施工现场实际情况对架体间距及承载力进行计算。

（4）通过放线确定立杆定位点，脚手架搭设前由项目部绘制详细的脚手架布置图，现场按照排布图放线。

（5）再搭设纵向扫地杆，依次向两边竖立立杆，进行固定。每边竖起 3～4 根立杆，搭设纵向水平杆和横向水平杆，进行校正。

（6）搭设完毕后，安装支撑头。后期安装顶部横杆及加强横杆，调平。

（7）搭设完毕后，安装可调顶托，可调顶托插入立杆不得少于 150mm。

（8）立杆距剪力墙端不宜小于 500mm 且不宜大于 800mm。距预制墙端间距可适当调节，但不应少于 200mm。

键槽式支撑优点如下。

（1）搭设、拆除比盘扣式支撑更简便。

(2) 可适用于各种水平预制构件及现浇构件的支撑。

(3) 有活动扣件,可以安装在立杆的任意位置,便于搭设梁底支撑。

(4) 坚固耐用,插头插座不易被水泥铸死,便于运输,无零散配件丢失,损耗低。

(5) 采用铸钢铸造的键槽式插座,插头代替钢管脚手架的扣件,克服了扣件式立杆采用一字扣件连接稳定性差、老旧率高、质量不可靠、工效低,搭设需要各种扣件,搭设速度慢等弊端。

键槽式支撑的缺点:承插节点的连接质量受扣件本身质量和工人操作水平的影响显著。

因此,承插型键槽式支架体系搭设简便,坚固耐用,适用于各种预制及现浇构件的支撑搭设,较盘扣式支撑减少了插销零散构配件的使用,精简了施工工艺流程,减少了材料的损耗,但对扣件质量及工人操作水平的要求较高。

### 3.3.2 安装部位检查及清理

为了预制构件安装后能满足其基本性能要求,在预制构件安装前,应对需要安装的部位进行检查及清理,具体检查和清理项目如下。

1. 预制墙板安装前

清理干净外墙的基础面,保证与接头接触面无灰渣、无油污。环境温度高且干燥时,将基础面清理干净后可适当喷淋水,进行湿润处理,但不得积水。连接钢筋端头不得有影响安装的翘曲,钢筋表面不得有严重锈蚀,不得粘有泥土、水泥灰浆或油污等对连接性能有影响的污物。

2. 预制钢筋混凝土外墙板模板(PCF 板)安装前

PCF 板吊装前,应先绑扎 PCF 板内侧现浇墙体钢筋,以便箍筋能顺利安装绑扎就位;钢筋绑扎完毕,依据施工蓝图,对竖向钢筋位置、箍筋位置及间距进行仔细校正,误差过大的应进行调整,避免 PCF 板在安装就位过程中保温连接件与内侧钢筋发生碰撞。

3. 预制楼梯安装前

检查:用卷尺测量构件边线至水平位置线的距离,确保误差在允许范围内;用卷尺测量踏步面至楼梯标高控制线的距离,若无较大误差,即可脱钩继续吊装其他楼梯。

清理:预制构件安装前,应将梯梁基层清理干净。

4. 竖向预制构件安装

用卷尺测量控制线至构件边线的距离,超出允许范围的,可用撬棍调整;用靠尺检查墙体垂直度,若有偏差,可通过调整上排斜支撑杆件的长度,使构件的垂直度符合设计要求;用水准仪测量构件上的校准线,确保标高和水平度在允许误差内;调整完成后,将斜支撑的调节螺栓锁死,以防松动,保证安全。

5. 预制梁安装

预制梁放置平稳后,检查预制梁的水平位置,如果没有较大误差,即可脱钩连续吊装其他预制构件。根据立杆上的 1m 标高线,用卷尺复测梁底标高,其标高允许误差应控制在 5mm 之内。

6. 叠合板安装

检查:叠合板放置平稳后,用卷尺测量板的水平位置,若误差超出允许范围,使用撬棍微调构件位置；用卷尺测量板底至立杆上 1m 标高线的距离，若标高误差较大，可通过调整顶托的位置，使其标高误差在允许范围内。

清理：清理安装部位的结构基层，做到无油污、杂物。剪力墙上留出的外露连接钢筋不正不直时，及时进行处理，以免影响叠合板的安装就位。

### 3.3.3　起重设备检查

装配式混凝土预制构件的安装工作在整个装配式构件施工当中起着重要的作用，而整个吊装工作都要通过起重设备来完成。因此在预制构件安装前，要对起重设备做好以下检查工作。

（1）应根据预制构件的形状、尺寸、质量和作业半径等要求选择吊具和起重设备，所采用的吊具和起重设备及其操作，应符合国家现行有关标准及产品应用技术手册的规定。

（2）经验算后选择起重设备、吊具和吊索，在吊装前，应由专人检查核对，确保型号、机具与方案一致。

（3）吊点数量、位置应经计算确定，应保证吊具连接可靠，应采取保证起重设备的主钩位置、吊具及构件重心在竖直方向上重合的措施。

（4）安装施工前，应复核吊装设备的吊装能力。

（5）吊索与构件的水平夹角不宜小于 60°，不应小于 45°。

（6）应采用慢起、稳升、缓放的操作方式。吊运过程，应保持稳定，不得偏斜、摇摆和扭转，严禁吊装构件长时间悬停在空中。

（7）吊装大型构件、薄壁构件或形状复杂的构件时，应使用分配梁或分配桁架类吊具，并应采取避免构件变形和损伤的临时加固措施。

（8）应按现行行业标准《建筑机械使用安全技术规程》（JGJ 33—2012）的有关规定，检查复核吊装设备及吊具是否处于安全操作状态，并核实现场环境、天气、道路状况等是否满足吊装施工要求。

（9）施工作业使用的专用吊具、吊索、定型工具式支撑、支架等应进行安全验算，使用中进行定期、不定期检查，确保其安全状态。

### 3.3.4　安装材料与辅助设施检查

在项目正式吊装施工前，对现场准备的各类施工器具、材料进行盘点，要做到需准备的器具、材料种类齐全；型号、尺寸符合要求；数量不少于一层的用量。

材料应根据材料的不同性质存放于符合要求的专门材料库房，应避免潮湿、雨淋，防爆、防腐蚀；各种材料应标识清楚，分类存放。

建立限额领料制度。对于材料的发放，不论是项目经理部、分公司还是项目部，仓库物资的发放都要实行“先进先出，推陈出新”的原则。项目部的物资耗用应结合分部、分项工程的核算，严格实行限额领料制度。在施工前必须由项目施工人员开签限额领料单，限额领料单必须按栏目要求填写，不可缺项；对贵重和用量较大的物品，可以根据使用情况，凭领料小票分多次发放，对易破损的物品，材料员在发放时需做较详细的验交，并由领用双方在凭证上签字认可。

## 3.4 装配式混凝土预制构件进场检查

### 3.4.1 进场检查项目与验收

(1) 装配式结构连接部位及叠合构件浇筑混凝土之前，应进行隐蔽工程验收。隐蔽工程验收应包括下列主要内容。

① 混凝土粗糙面的质量，键槽的尺寸、数量、位置。

② 钢筋的牌号、规格、数量、位置、间距，箍筋弯钩的弯折角度及平直段长度。

③ 钢筋的连接方式、接头位置、接头数量、接头面积百分率、搭接长度、锚固方式及锚固长度。

④ 预埋件、预留管线的规格、数量、位置。

(2) 装配式结构的接缝施工质量及防水性能应符合设计要求和国家现行有关标准的规定。

(3) 预制构件结构性能检验应符合下列规定。

梁板类简支受弯预制构件进场时应进行结构性能检验，并应符合下列规定。

① 结构性能检验应符合国家现行有关标准的有关规定及设计的要求，检验要求和试验方法应符合《混凝土结构工程质量验收规范》(GB 50204—2015)中附录 B 的规定。

② 钢筋混凝土构件和允许出现裂缝的预应力混凝土构件应进行承载力、挠度和裂缝宽度检验；不允许出现裂缝的预应力混凝土构件应进行承载力、挠度和抗裂检验。

③ 对大型构件及有可靠应用经验的构件，可只进行裂缝宽度、抗裂和挠度检验。

④ 对使用数量较少的构件，当能提供可靠依据时，可不进行结构性能检验。

对其他预制构件，除设计有专门要求外，进场时可不做结构性能检验。对进场时不做结构性能检验的预制构件，应采取下列措施。

① 施工单位或监理单位代表应驻厂监督其生产过程。

② 当无驻厂监督时，预制构件进场时应对其主要受力钢筋数量、规格、间距、保护层厚度及混凝土强度等进行实体检验。

(4) 预制构件的外观质量不应有严重缺陷，且不应有影响结构性能和安装、使用功能的尺寸偏差。

(5) 预制构件上的预埋件、预留插筋、预埋管线等的规格和数量以及预留孔、预留洞的数量应符合设计要求。

(6) 预制构件应有标识。

(7) 预制构件的外观质量不应有一般缺陷。

(8) 预制构件尺寸偏差及检验方法应符合表 3-8 的规定；设计有专门规定时，尚应符合设计要求。施工过程中临时使用的预埋件，其中心线位置允许偏差可取表 3-8 中规定数值的 2 倍。

表 3-8 预制构件尺寸的允许偏差及检验方法

| 项目 | | | 允许偏差/mm | 检验方法 |
|---|---|---|---|---|
| 长度 | 楼板、梁、柱、桁架 | <12m | ±5 | 尺量 |
| | | ≥12m 且<18m | ±10 | |
| | | ≥18m | ±20 | |
| | 墙板 | | ±4 | |
| 宽度、高(厚)度 | 楼板、梁、柱、桁架 | | ±5 | 尺量一端及中部,取其中偏差绝对值较大处 |
| | 墙板 | | ±4 | |
| 表面平整度 | 楼板、梁、柱、墙板内表面 | | 5 | 2m 靠尺和塞尺量测 |
| | 墙板外表面 | | 3 | |
| 侧向弯曲 | 楼板、梁、柱 | | $l$/750 且≤20 | 拉线、直尺量测最大侧向弯曲处 |
| | 墙板、桁架 | | $l$/1000 且≤20 | |
| 翘曲 | 楼板 | | $l$/750 | 调平尺在两端量测 |
| | 墙板 | | $l$/1000 | |
| 对角线 | 楼板 | | 10 | 尺量两个对角线 |
| | 墙板 | | 5 | |
| 预留孔 | 中心线位置 | | 5 | 尺量 |
| | 孔尺寸 | | ±5 | |
| 预留洞 | 中心线位置 | | 10 | |
| | 洞口尺寸、深度 | | ±10 | |
| 预埋件 | 预埋板中心线位置 | | 5 | |
| | 预埋板与混凝土面平面高差 | | 0,−5 | |
| | 预埋螺栓 | | 2 | |
| | 预埋螺栓外露长度 | | +10,−5 | |
| | 预埋套筒、螺母中心线位置 | | 2 | |
| | 预埋套筒、螺母与混凝土面平面高差 | | ±5 | |
| 预留插筋 | 中心线位置 | | 5 | |
| | 外露长度 | | +10,−5 | |
| 键槽 | 中心线位置 | | 5 | |
| | 长度、宽度 | | ±5 | |
| | 深度 | | ±10 | |

注:1. $l$ 为构件长度,单位为 mm;

2. 检查中心线、螺栓和孔道位置偏差时,沿纵、横两个方向量测,并取其中偏差较大值。

(9) 预制构件的粗糙面的质量及键槽的数量应符合设计要求。

### 3.4.2 不合格构件处理方法

结构构件(指单独受力构件,如预制楼梯等)应按国家现行标准《混凝土结构工程施工质量验收规范》(GB 50204—2015)的要求进行结构性能检验。构件结构性能检验不合格的构件不得使用。

未经进场验收或进场验收不合格的预制构件,严禁使用。施工单位应对构件进行全数验收,监理单位对构件质量进行抽检,发现存在影响结构质量或吊装安全的缺陷时,不得验收通过。

## 3.5 装配式混凝土预制构件运输及存放

### 3.5.1 预制构件装车

1. PC 墙板装车

(1) PC 墙板运输架分为整装运输架和一般运输架。

车型选择:一般采用 9.6m 平板车为运输车辆,具体根据各区域情况而定;装车前,检查运输架有无损伤,如有损伤,立即返修或者更换运输架;在平板车上加焊运输架限位件,防止运输架在运输过程中移动或倒塌;严格按照运输安全规范和手册操作,注意安全;装车墙板质量不超过平板车极限荷载。图 3-17 和图 3-18 分别为 PC 墙板运输架及装车示例图。

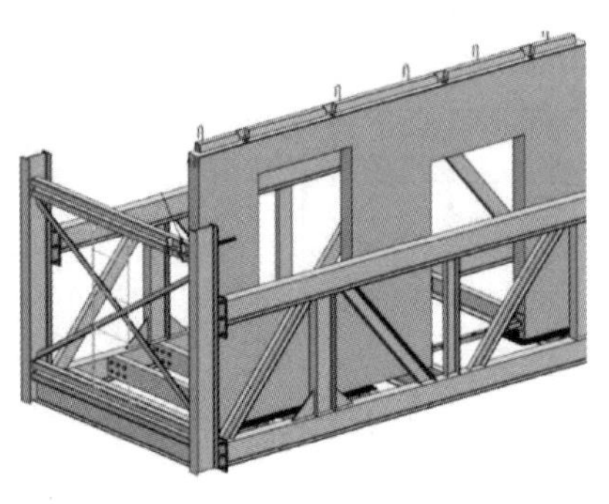

图 3-17 PC 墙板运输架示例

图 3-18 PC 墙板装车示例

(2) 墙板布置顺序要求:按照吊装顺序进行布置,优先将重板放中间,先吊装的 PC 墙板放置在货架外侧,后吊装的 PC 墙板放置在货架内侧。保证现场吊装过程中,从两端往中间依次吊装。

(3) 质量限制要求:PC 墙板整体质量控制在 30t 以下,货架放置完毕,上下墙板质量偏差控制在±0.5t。

(4) 当装车布置顺序要求与质量限制要求冲突时,优先考虑质量限制要求。

(5) PC 墙板之间需加插销固定,PC 墙板之间间距为 60mm。

(6) 如 PC 墙板有伸出钢筋时,在装车过程中需考虑钢筋可能产生的干涉。

2. 叠合板装车

1）车型选择

一般采用 13.5m 或 17.5m 平板车为运输架运输车辆，具体根据各区域情况而定；装车前，检查车况，保证运输车辆无故障；所有运输楼板车辆前端一定要有车前挡边工装；叠合楼板装车需要用绑带捆压固定在车上，如使用钢丝绳捆绑，一定要在顶层边上加装楼板护角；装车质量不超过平板车极限荷载。图 3-19 为叠合板装车示例图。

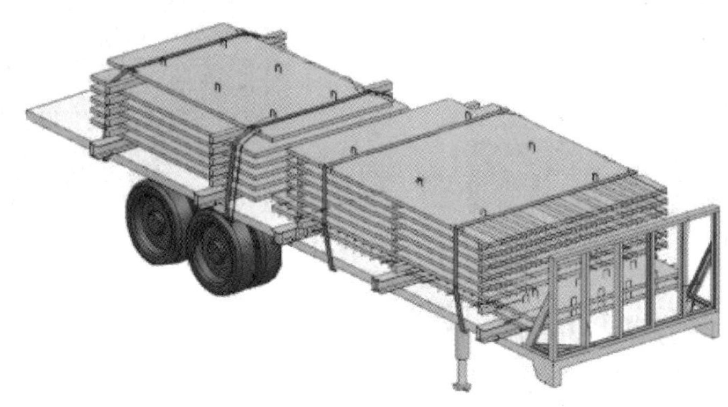

图 3-19 叠合板装车示例

（1）每块 PC 楼板上均需要标示 PC 板编号、质量、吊装顺序信息，所有 PC 楼板图均以 PC 详图、俯视图为主。

（2）堆码要求：需按照大板摆下、小板摆上以及先吊的摆上、后吊的摆下的原则；当两者冲突时优先大板摆下、小板摆上的原则；板长宽尺寸差距在 400mm 范围内的，上下位置可以任意对调。通过调节尽量保证先吊的摆上、后吊的摆下的原则。

（3）限制要求：PC 楼板总重控制在 30t 以下，叠合楼板控制在 6～8 层，预应力楼板控制在 8～10 层。

2）叠合板装车原则

（1）当采用 9.6m 或 10m 高低挂平板车装运楼板时，大垛堆码楼板在车前部堆放，后面可装小垛堆码楼板；当垛堆楼板超长，只能堆放 1 垛时，此楼板尽量放置在后轮轮轴上方，保证车轮承重在轮轴处；当采用 13.5m 或 17.5m 平板车装运楼板时，大垛堆码楼板堆放在后轮轮轴上方，小垛堆码楼板堆放在前部。

（2）垛堆楼板居车辆中间堆放，严禁垛堆楼板重心偏移车辆中心。

（3）垛堆楼板宽度或伸出钢筋尽量不超出车辆宽度，单边超出长度不大于 200mm。

（4）所有垛堆楼板装车均需绑带或钢丝绳捆绑。

（5）保证装车平衡，严禁轻边。

（6）装车楼板质量不超过车辆极限荷载。

3. 起吊装车

PC 构件装车顺序需按项目提供的吊装顺序进行配车；否则 PC 构件到施工现场后反而给施工现场的物流吞吐带来阻碍。图 3-20 为 PC 构件起吊装车现场。

图 3-20　PC 构件起吊装车现场

(1) 工厂行车、龙门吊、提升机主钢丝绳、吊具、安全装置等，必须进行安全隐患检查，并保留点检记录，确保无安全隐患。

(2) 工厂行车、龙门吊操作人员必须培训合格，持证上岗。

(3) PC 构件装架和(或)装车均以架、车的纵向为重心，按保证两侧重量平衡的原则摆放。

(4) 采用 H 钢等金属架枕垫运输时，必须在运输架与车厢底板之间的承力段垫橡胶板等防滑材料。

(5) 墙板、楼板每垛捆扎不少于两道，必须使用直径不小于 10mm 的天然纤维芯钢丝绳将 PC 构件与车架载重平板扎牢、绑紧。

(6) 墙板运输架装运需增设防止运输架前、后、左、右 4 个方向移位的限位块。

(7) PC 构件上、下部位均需有铁杆插销，运输架每端最外侧上、下部位装 2 根铁杆插销。

(8) 装车人员必须保证插销紧靠 PC 构件，三脚固定销敲紧。

(9) 运输发货前，物流发货员、安全员对运输车辆、人员及捆绑情况进行安全检查，检查合格方能进行 PC 构件运输，如图 3-21 所示。

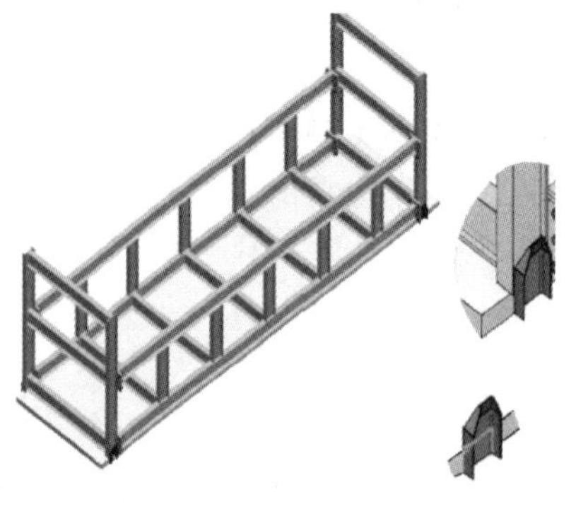
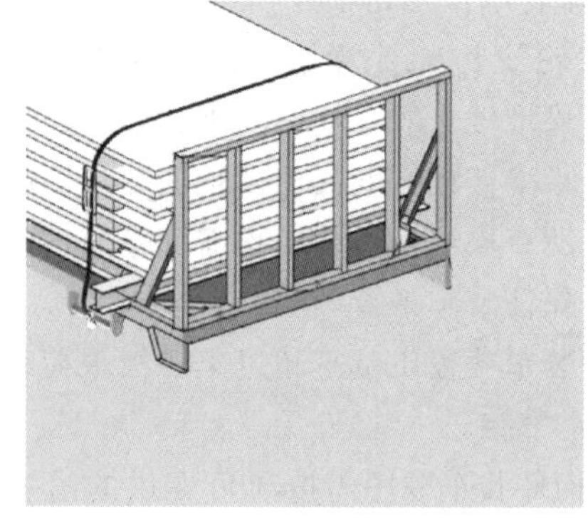

图 3-21　起吊装车前检查

### 3.5.2 场内卸车

场内卸车是预制构件在场内运输和临时存放的前期环节，如果这一环节工作不到位，将会影响预制构件的外观质量和实际承载能力。因此，预制构件的场内卸车应满足以下要求。

(1) 应当由专业人员进行起吊卸车。

(2) PC 构件应卸放在指定位置，地面应平整稳固。

(3) 卸车时应注意车辆重心稳定和周围环境安全，避免车辆侧翻。

(4) 严格按照构件上吊点数量挂钩进行卸车。

(5) 严格按吊装规程进行卸车。

(6) 预制构件卸车时，应按照先装后卸、后装先卸的顺序进行。

(7) 预制构件卸车后，应将预制构件按编号或按使用顺序依次存放于预制构件堆放场地。预制构件堆放场地应设置临时固定措施，避免因预制构件存放工具失稳而造成预制构件倾覆或破损。

### 3.5.3 场内及场外运输

运输过程是 PC 构件由工厂交施工现场的最后一个环节，直接影响施工现场进度。在每个项目开始前由工厂编制运输专项方案。在编制方案前，工厂需要对运输线路全程进行踏勘。踏勘内容为 PC 构件车辆运输单程总时间、全程路面状况、限制高度情况、每个弯道情况、坡道情况、全天车流量分布情况等。

(1) 各类构件首车运输时，工厂必须有专人跟车，发现运输过程中有异常，明确重点管控路段、注意事项。如有改进、调整时，需再次确认。

(2) 重载车辆必须按照确定的运输路线行驶，不得随意变更。

(3) 运输途中，行驶里程达 30km 时，必须停车检查构件捆绑状况，每隔 100km 必须停车检查，并保留记录及拍照留底。

(4) 工厂务必严格监管 PC 构件运输时的车辆行驶速度。道路条件与相应的行驶速度要求如下：

① 大于 6%的纵坡道、平曲半径大于 60m 弯道的完好路况限速 30km/h；

② 大于 6%、小于 9%的纵坡道，平曲半径小于 60m、大于 15m 的弯道等路况限速 5km/h；

③ 厂区、9%的纵坡道、平曲半径 15m 的弯道、二级路面及项目工地区域限速 5km/h；

④ 各工厂须于项目发运前，与项目人员确认工地路况达到基本发运要求；

⑤ 低于限速 5km/h 及三级路面(土路、碎石路、连续盘山路面、坡度 10°路面、有 20cm 以下的硬底涉水路面、冰雪覆盖的二级路面)要求的路况停运。

(5) 运输与堆放。预制构件的运输应符合下列规定：

① 预制构件的运输线路应根据道路、桥梁的实际条件确定，场内运输宜设置循环线路；

② 运输车辆应满足构件尺寸和载重要求；

③ 装卸构件过程中，应采取保证车体平衡、防止车体倾覆的措施；

④ 应采取防止构件移动或倾倒的绑扎固定措施；

⑤ 运输细长构件时应根据需要设置水平支架；

⑥ 构件边角部或绳索接触处的混凝土，宜采用垫衬加以保护。

运输路线应在正式运输前制订，并实际考察该运输路线的路况，是否限行、限高、限重。运输道路应平整，少坑洼。

现场运输道路应平整坚实，以防止车辆摇晃时导致构件碰撞、扭曲和变形。运输车辆进入施工现场的道路，应满足 PC 构件的运输要求。

PC 构件运输过程中，车上应设有专用架，且需有可靠的稳定构件措施；车辆启动应慢，车速应匀，转弯错车时要减速，并且应留意稳定构件措施的状态，图 3-22～图 3-25 为常用的构件运输方式。

图 3-22　墙板运输示意图

图 3-23　叠合板运输示意图

图 3-24　楼梯运输示意图

图 3-25　阳台板运输示意图

PC 外墙板/内墙板可采用竖立方式运输，PC 叠合板、PC 阳台板、PC 楼梯可采用平放方式运输。

### 3.5.4　场内临时存放

#### 1. 存放方式

预制构件存放方式有平放和竖放两种。原则上墙板采用竖放方式，楼面板、屋面板和柱构件可采用平放或竖放方式，梁构件采用平放方式。

1）平放时的注意事项

(1) 在水平地面上并列放置 2 根木材或钢材制作的垫木，放上构件后可在上面放置同样的垫木，再放置上层构件，一般构件放置不宜超过 6 层。

(2) 上下层垫木必须放置在同一条线上，如果垫木上下位置之间存在错位，构件除了承受垂直荷载，还要承受弯矩和剪力，有可能造成构件损坏。

2）竖放时的注意事项

（1）存放区地面在硬化前必须夯实，然后再进行硬化，硬化厚度应≥200mm，以防止构件堆放地面沉降，造成PC板堆放倾斜。

（2）要保持构件的垂直或一定角度，并且使其保持平衡状态。

（3）柱和梁等立体构件要根据各自的形状和配筋选择合适的存放方式。

**2. 存放标准**

（1）存放场地应平整、坚实，并应有排水措施。

（2）存放库区宜实行分区管理和信息化台账管理。

（3）应按照产品品种、规格型号、检验状态分类存放，产品标识应明确、耐久，预埋吊件应朝上，标识应向外。

（4）应合理设置垫块支点位置，确保预制构件存放稳定，支点宜与起吊点位置一致。

（5）与清水混凝土面接触的垫块应采取防污染措施。

（6）预制构件多层叠放时，每层构件间的垫块应上下对齐；预制楼板、叠合板、阳台板和空调板等构件宜平放，叠放层数不宜超过6层；长期存放时，应采取措施控制预应力构件起拱值和叠合板翘曲变形。

（7）应保证最下层构件垫实，预埋吊件宜向上，标识宜朝向堆垛间的通道。

（8）垫木或垫块在构件下的位置宜与脱模、吊装时的起吊位置一致；重叠堆放构件时，每层构件间的垫木或垫块应在同一垂直线上。

（9）堆垛层数应根据构件与垫木或垫块的承载力及堆垛的稳定性确定，必要时应设置防止构件倾覆的支架。

（10）施工现场堆放的构件，宜按安装顺序分类堆放，堆垛宜布置在吊车工作范围内且不受其他工序施工作业影响的区域。

（11）预应力构件的堆放应根据反拱影响采取措施。

（12）预制柱、梁等细长构件宜平放且用两条垫木支撑。

（13）预制内外墙板、挂板宜采用专用支架直立存放，支架应有足够的强度和刚度；薄弱构件、构件薄弱部位和门窗洞口应采取防止变形开裂的临时加固措施。

（14）夹芯外墙板、外挂墙板、内墙板托架应具有足够的承载力和刚度；宜采用对称立放，竖向倾斜角不宜大于10°，相邻预制构件间需用柔性垫层分隔开。

（15）楼板、阳台板、楼梯、梁等预制构件宜平放且标识向外，堆垛高度应根据预制构件与场地的承载力及堆垛的稳定性确定。各层垫木的中心线应在同一条垂直线上。

（16）预制柱构件存储应平放，且采用两根垫木支撑，堆放层数不宜超过1层。

（17）桁架叠合楼板存储应平放，以6层为基准，在不影响构件质量的前提下，可适当增加1～2层。

（18）预应力叠合楼板存储应平放，以8层为基准，在不影响构件质量的前提下，可适当增加1～2层。

（19）预制阳台板/空调板构件存储宜平放，且采用两根垫木支撑，堆码层数不宜超过6层。

（20）预制沉箱构件存储宜平放，且采用两根垫木支撑，堆码层数不宜超过2层。

（21）预制楼梯构件存储宜平放，采用专用存放架支撑，叠放层数不宜超过6层。

图 3-26～图 3-31 为常用构件现场存放情况。

图 3-26　预制楼梯存放

图 3-27　预制墙板存放

图 3-28　插放型存放架

图 3-29　预制叠合楼板存放

图 3-30　预制柱存放

图 3-31　A 形存放架

### 3.5.5　场内保护措施

场内保护措施如下。

(1) 堆放构件时应使构件与地面之间留有空隙,需放置在木头或软性材料上,堆放构件的支垫应坚实。堆垛之间宜设置通道,必要时应设置防止构件倾覆的支撑架。

(2) 连接止水条、高低口、墙体转角等薄弱部位,应采用定型保护垫或专用式套件做加强保护。

(3) 当预制构件存放在地下室顶板时,要对存放地点进行加固处理。

(4) 构件应按型号、单位工程、出厂日期分别存放。

(5) 预制构件的堆放应预埋吊点向上，标识向外；垫木或垫块在构件下的位置宜与脱模、吊装时的起吊位置一致。

(6) 预制构件成品外露保温板应采取防止开裂措施，外露钢筋应采取防弯折措施，外露预埋件和连接件等外露金属件应按不同环境类别进行防护或防腐、防锈。

(7) 宜采取保证吊装前预埋螺栓孔清洁的措施。

(8) 钢筋连接套筒、预埋孔洞应采取防止堵塞的临时封堵措施。

(9) 露骨料粗糙面冲洗完成后应对灌浆套筒的灌浆孔和出浆孔进行透光检查，并清理灌浆套筒内的杂物。

(10) 冬期生产和存放的预制构件的非贯穿孔洞应采取措施，防止雨雪进入而发生冻胀损坏。

## 3.6 装配式混凝土预制构件安装作业人员要求

### 3.6.1 持证上岗、定期考核

《特种作业人员安全技术培训考核管理规定》(国家安全生产监督管理总局第80号令)有如下规定。

第五条规定：特种作业人员必须经专门的安全技术培训并考核合格，取得《中华人民共和国特种作业操作证》(以下简称“特种作业操作证”)后，方可上岗作业。

第七条规定：国家安全生产监督管理总局(以下简称“安全监管总局”)指导、监督全国特种作业人员的安全技术培训、考核、发证、复审工作；省、自治区、直辖市人民政府安全生产监督管理部门指导、监督本行政区域特种作业人员的安全技术培训工作，负责本行政区域特种作业人员的考核、发证、复审工作；县级以上地方人民政府安全生产监督管理部门负责监督检查本行政区域特种作业人员的安全技术培训和持证上岗工作。

汽车式起重机司机、履带式起重机司机、塔式起重机司机以及指挥、司索均属于特种作业人员，必须经专门的培训并考核合格，持特种作业操作证方可上岗作业。

### 3.6.2 技能要求(针对装配式构件安装技能)

装配式混凝土预制构件安装作业人员可负责构件就位、调节标高支垫、安装节点固定等作业，熟悉不同构件安装节点的固定要求，特别是固定节点和活动节点的区别，熟悉图样和安装技术要求。装配式预制构件安装职业技能要求(初级、中级、高级)如表3-9～表3-11所示。

表3-9 装配式预制构件安装职业技能要求(初级)

| | |
|---|---|
| 竖向构件安装 | (1) 能选择吊具，完成构件与吊具的连接；<br>(2) 能安全起吊构件，吊装就位，校核与调整；<br>(3) 能安装并调整临时支撑，对构件的位置和垂直度进行微调 |
| 水平构件安装 | (1) 能安装临时支撑，微调校正；<br>(2) 能选择吊具，完成构件与吊具的连接；<br>(3) 能安全起吊构件，吊装就位，校核与调整 |

表 3-10 装配式建筑构件安装职业技能要求(中级)

| | |
|---|---|
| 构件安装 | (1) 能进行测量放线,设置构件安装的定位标识;<br>(2) 能够进行预埋件放线及安装埋设;<br>(3) 能够选择吊具,完成构件与吊具的连接;<br>(4) 能够安全起吊构件,吊装就位,校核与调整;<br>(5) 能够安装并调整临时支撑,对构件的位置和垂直度进行微调 |

表 3-11 装配式建筑构件安装职业技能要求(高级)

| | |
|---|---|
| 构件安装 | (1) 熟练完成预制构件安装环节操作;<br>(2) 能够编制构件安装施工方案;<br>(3) 能够完成构件安装技术交底,能够编制专项作业指导书;<br>(4) 能够对构件安装质量进行检查,并处理质量问题 |

## 3.7 装配式混凝土预制构件安装准备典型工程案例

### 3.7.1 项目基本信息

装配式混凝土预制构件安装准备的典型案例项目信息同第 1 章江心洲 No. 2015G06 地块工程的 A、B 两个地块。

### 3.7.2 构件运输及存放

构件运输:构件运输在夜间进行,运输时采取绑扎固定措施,防止构件移动或倾倒;对构件边角或捆扎索具接触处的混凝土,采用垫衬加以保护;平面墙板可根据施工要求选择叠层平放的方式运输。如图 3-32 所示。

图 3-32 构件运输

构件存放:在现场不压车的条件下,预制剪力墙墙板和梁按施工进度在运输车辆上可以直接起吊安装,运输车辆停放在周边道路,用塔式起重机直接吊装。现场地下室顶板上设置预制构件堆场,分区、分类进行堆放,预制构件在码放时预埋吊件向上,标识向外;垫木或垫块在构件下的位置与吊装、脱模时的位置一致;重叠堆放构件时,每层构件的枕木或垫块应在同一垂直线上;堆垛层数应根据构件与垫块或垫木的承载能力及堆垛的承载能力确定。如图 3-33 所示。

图 3-33　现场预制构件堆场

## 学习笔记

# 第4章 装配式混凝土预制构件安装流程

## 4.1 预制构件场安装放线

### 4.1.1 放线要点

放线是建筑施工中关键环节，在装配式混凝土建筑中尤为重要。放线人员必须是经过培训的技术人员，放线完成后需要技术和质量负责人进行核验，确认无误后才能进行下一步施工。

(1) 采用经纬仪将建筑首层轴线控制点投射至施工层。

(2) 根据施工图纸弹出轴线及控制线。

(3) 根据施工楼层基准线和施工图纸进行预制构件位置边线(预制构件的底部水平投影框线)的确定。

(4) 预制构件位置。边线放线完成后，要用醒目颜色的油漆或记号笔做出定位标识，见图 4-1。定位标识要根据方案设计明确设置，对于轴线控制线、预制构件边线、预制构件中心线及标高控制线等定位标识应作明显区分。

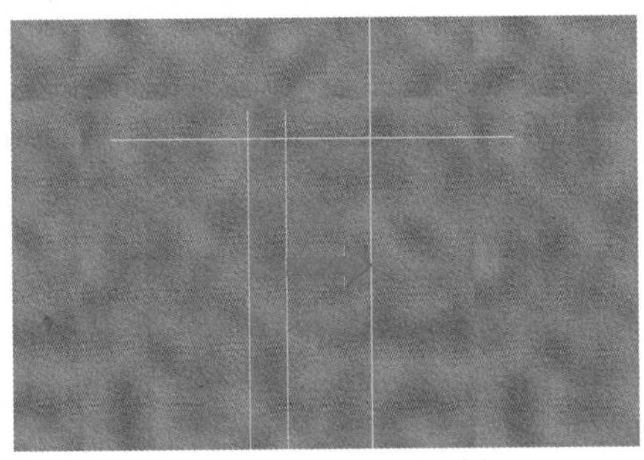

图 4-1 定位标识图

(5) 预制构件安装原则上以中心线控制位置，误差由两边分摊。可将构件中心线用墨斗分别弹在结构和构件上，方便安装就位时进行定位测量。

(6) 预制剪力墙外墙板、外挂墙板、悬挑楼板和位于表面的柱、梁的“左右”方向与其他预制构件一样以轴线作为控制线。“前后”方向轴线控制，以外墙面作为控制边界，外墙面控制可以采用从主体结构探出定位杆进行拉线测量的方法进行控制。墙板放线定位方法见图 4-2。

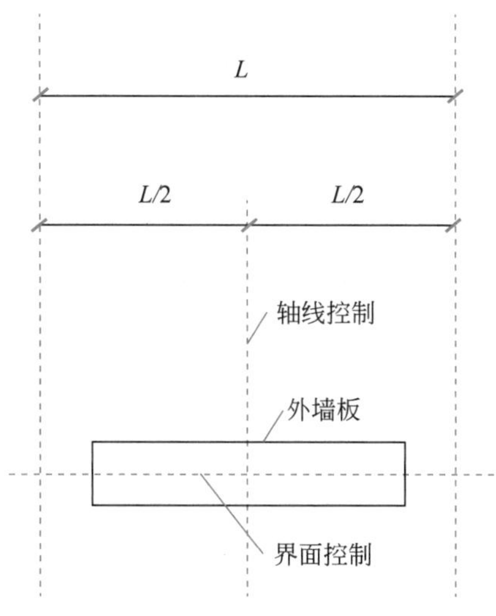


图 4-2 墙板定位线示意图

(7) 建筑内墙预制构件,包括剪力墙内墙板、内隔墙板、内梁等,应采用中心线定位法进行定位控制。

### 4.1.2 柱放线

(1) 柱子进场验收合格后,在柱底部往上 1000mm 处弹出标高控制线。

(2) 各层柱子安装分别要测放轴线、边线、安装控制线,见图 4-3。

(3) 每层柱子安装根部的两个方向标记中心线,安装时使其与轴线吻合。

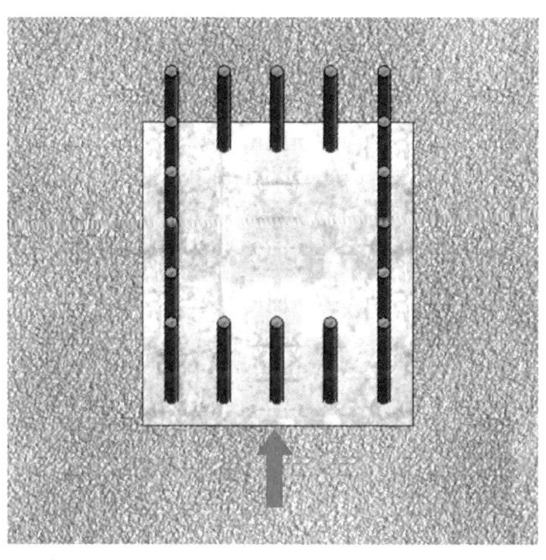

图 4-3 柱子放线

### 4.1.3 梁放线

(1) 梁进场验收合格后,在梁端(或底部)弹出中心线。

(2) 在校正加固完的墙板或柱子上标出梁底标高、梁边线,或在地面上测放梁的投影线。

### 4.1.4 剪力墙板放线

（1）剪力墙板进场验收合格后，在剪力墙板底部往上 500mm 处弹出水平控制线。

（2）以剪力墙板轴线作为参照，弹出剪力墙板边界线，见图 4-4。

（3）在剪力墙板左右两边向内 500mm 各弹出两条竖向控制线，见图 4-5。

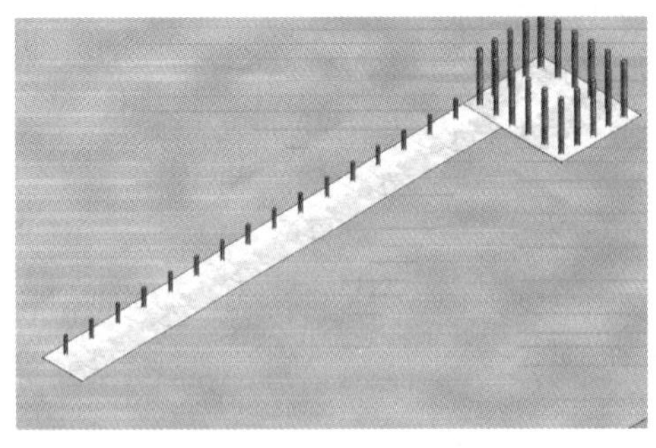

图 4-4　剪力墙板边界线

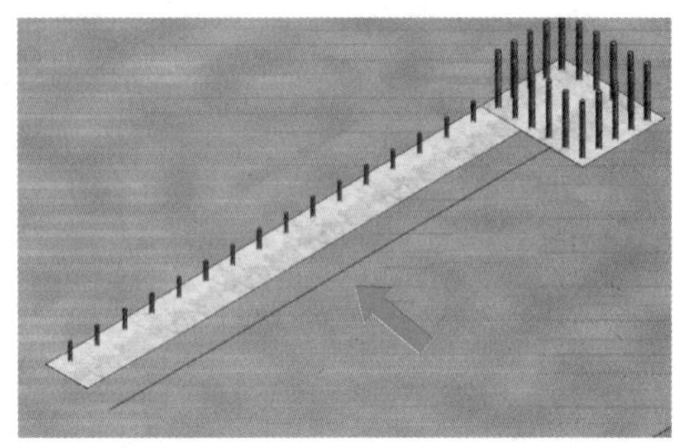

图 4-5　剪力墙板竖向控制线

### 4.1.5 楼板放线

（1）楼板依据轴线和控制网线分别引出控制线。

（2）在校正完的墙板或梁上弹出标高控制线。

（3）每块楼板要有两个方向的控制线。

（4）在梁上或墙板上标识出楼板的位置。

### 4.1.6 外挂墙板放线

（1）设置楼面轴线垂直控制点，楼层上的控制轴线用垂线仪及经纬仪由底层原始点直接向上引测。

（2）每个楼层设置标高控制点，在该楼层柱上放出 500mm 标高线，利用 500mm 线在楼面进行第一次墙板标高找平及控制，利用垫片调整标高，见图 4-6。在外挂墙板上放出距离结构标高 500mm 的水平线，进行第二次墙板标高找平及控制。

（3）外挂墙板控制线，墙面方向按界面控制，左右方向按轴线控制，见图 4-7。

图 4-6　测定并调整标高

图 4-7　画外挂墙板水平及竖向线

(4) 外挂墙板安装前，在墙板内侧弹出竖向与水平线，安装时与楼层上该墙板控制线相对应。

(5) 外挂墙板垂直度测量，4 个角留设的测点为外挂墙板转换控制点，用靠尺(托线板)以此 4 点在内侧及外侧进行垂直度校核和测量(因预制外挂墙板外侧为模板面，平整度有保证，所以墙板垂直度以外侧为准)。

### 4.1.7　其他预制构件放线

(1) 预制构件进场验收合格后，先在构件上弹出控制线。

(2) 预制空调板、阳台板、楼梯控制线依次由轴线控制网引出，每块预制构件均有纵、横两条控制线。

(3) 在预制构件安装部位相邻的预制构件上或现浇的结构上弹出控制线和标高线。

(4) 曲面等异形预制构件放线时要根据预制构件的特征，在预制构件上找出 3～5 个控制点，对应在安装预制构件的部位进行测量放线。在选择安装控制点时，要取便于测放点线的部位。

## 4.2　预制构件的临时支撑

### 4.2.1　竖向预制构件的临时支撑

竖向预制构件包括柱、墙板、整体飘窗等。竖向预制构件安装后需进行垂直度调整，并进行临时支撑，柱子在底部就位并调整好后，要进行 $X$ 和 $Y$ 两个方向垂直度的调整；墙板就位后也需进行垂直度调整；竖向预制构件的临时支撑通常采用可调斜支撑。竖向预制构件的临时支撑安装流程见图 4-8。

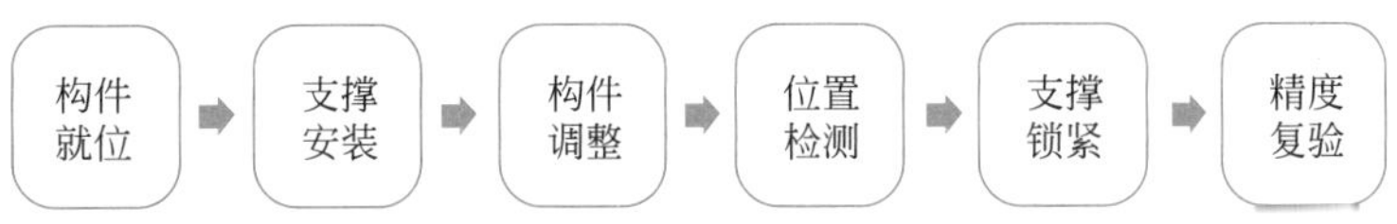


图 4-8　竖向预制构件的临时支撑安装流程图

### 4.2.2　水平预制构件的临时支撑

1. 竖向预制构件临时支撑的一般要求

(1) 支撑的上支点宜设置在预制构件高度 2/3 处。

(2) 支撑在地面上的支点应使斜支撑与地面的水平夹角保持在 45°～60°，见图 4-9。

(3) 斜支撑应设计成长度可调节的方式。

(4) 每个预制柱斜支撑不少于两个，且需在相邻两个面上支设，见图 4-10。

(5) 每块预制墙板通常需要两个斜支撑，见图 4-11 和图 4-12。

(6) 预制构件上的支撑点应在确定方案后提供给预制构件工厂，在预制构件生产时将支撑用的预埋件预埋到预制构件中。

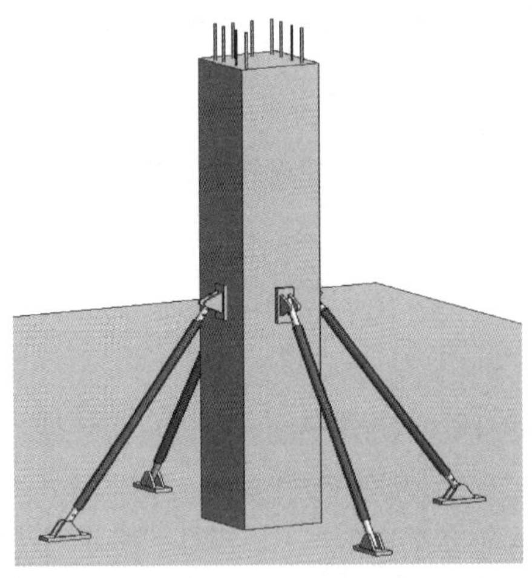

图 4-9 预制柱斜支撑示意图

图 4-10 预制柱斜支撑实例

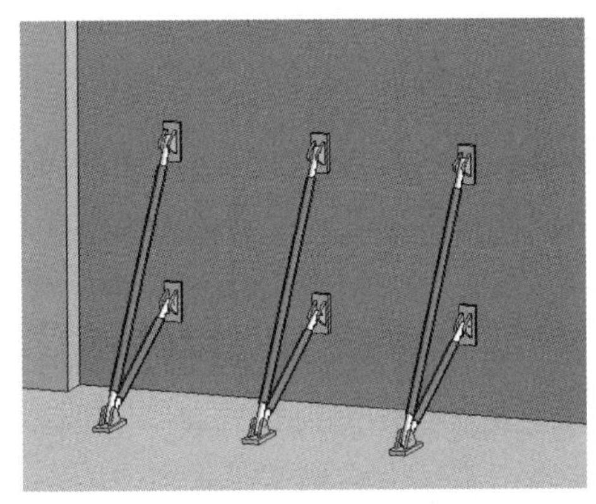

图 4-11 预制墙板双斜支撑

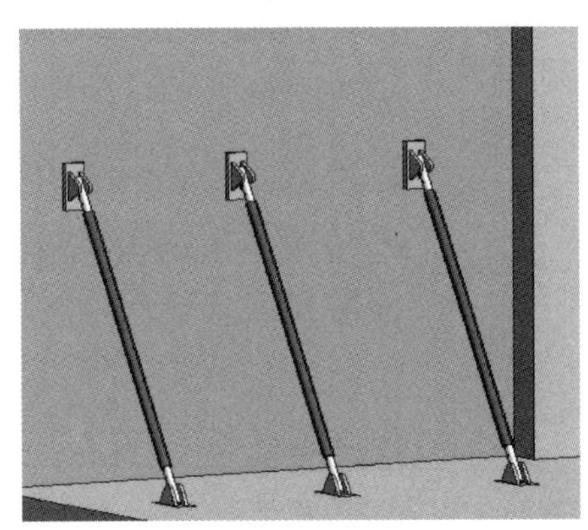

图 4-12 预制墙板单斜支撑

(7) 固定竖向预制构件斜支撑的地脚，采用预埋方式时，应在叠合层浇筑前预埋，且应与桁架筋连接在一起，见图 4-13 和图 4-14。

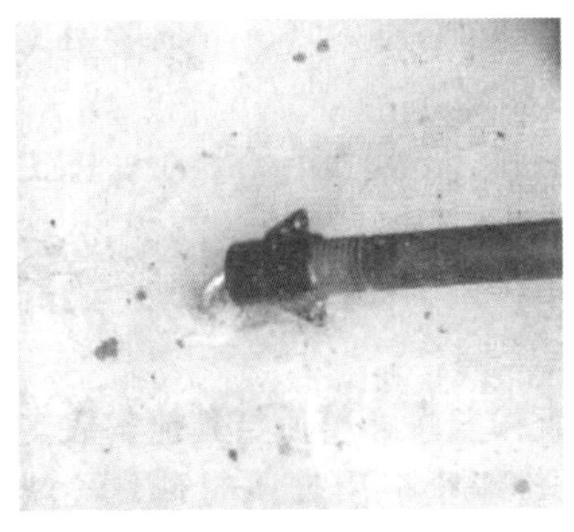

图 4-13 叠合层预埋支撑点

图 4-14 叠合层上的预埋件

（8）加工制作斜支撑的钢管宜采用无缝钢管，要有足够的刚度与强度。

2. 竖向预制构件临时支撑作业要点

（1）固定竖向预制构件斜支撑地脚，采用楼面预埋的方式较好，将预埋件与楼板钢筋网焊接牢固，避免斜支撑受力将预埋件拔出；如果采用膨胀螺栓固定斜支撑地脚，需要楼面混凝土强度达到 20MPa 以上，而这样通常会影响工期，所以需要提前加以周密安排。

（2）如果采用楼面预埋地脚埋件来固定斜支撑的一端，要注意预埋位置的准确性，浇筑混凝土时避免将预埋件位置移动，万一发生移动，要及时调整。

（3）在竖向预制构件就位前宜先将斜支撑的一端固定在楼板上，待竖向预制构件就位后可马上抬起另一端，与预制构件连接固定，这样可提高效率。

（4）待竖向预制构件水平及垂直的尺寸调整好后，需将斜支撑调节螺栓用力锁紧，避免在受到外力后发生松动，导致调好的尺寸发生改变。

（5）在校正预制构件垂直度时，应同时调节两侧斜支撑，避免预制构件扭转，产生位移。

（6）吊装前应检查斜支撑的拉伸及可调性，避免在施工作业中进行更换，不得使用脱扣或杆件锈蚀的斜支撑。

（7）在斜支撑两端未连接牢固前，吊装预制构件的索具不能脱钩，以免预制构件倾倒或倾斜。

（8）特殊位置的斜支撑（支撑长度调整后与其他多数支撑长度不一致）宜做好标记，转至上一层使用时可直接就位，从而节约调整时间。

### 4.2.3 水平预制构件临时支撑作业

水平预制构件支撑包括楼板（叠合楼板、双 T 板、SP 板等）支撑（图 4-15），楼梯、阳台板支撑（图 4-16），梁支撑（图 4-17），空调板、遮阳板、挑檐板支撑等。水平预制构件在施工过程中会承受较大的临时荷载，因此，水平预制构件临时支撑的质量和安全性就显得非常重要。

图 4-15 预埋楼板支撑体系

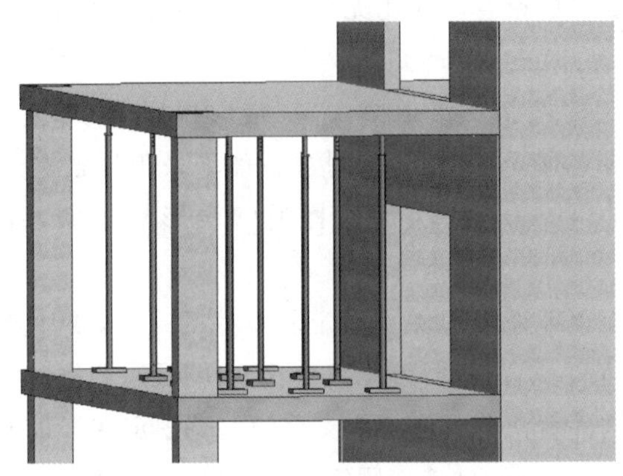

图 4-16 预制阳台板支撑体系

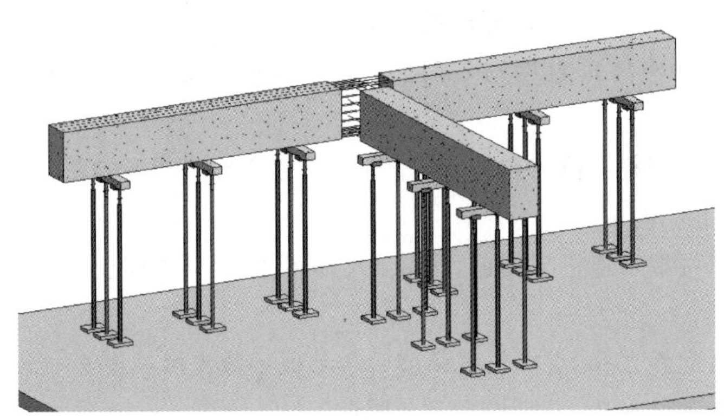

图 4-17 预制梁支撑体系

水平预制构件临时支撑安装流程见图 4-18。

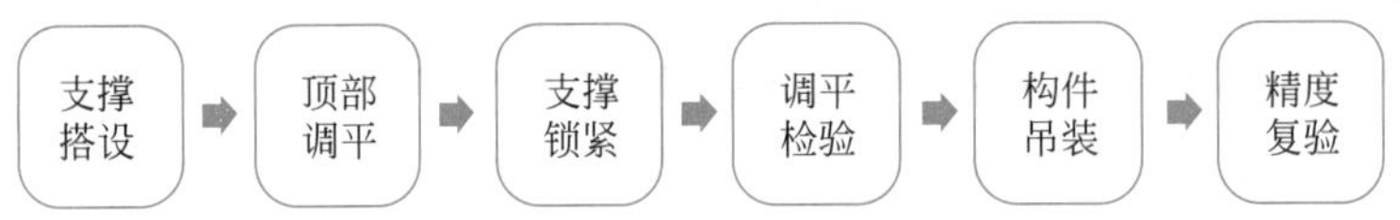


图 4-18 水平预制构件临时支撑安装流程图

### 1. 水平支撑搭设的安全要点

(1) 搭设支撑体系时，要严格按照设计图纸的要求进行搭设；如果设计未明确相关要求，需施工单位会同设计单位、预制构件工厂共同做好施工方案，报监理批准方可实施。

(2) 搭设前需要对工人进行技术和安全交底。

(3) 工人在搭设支撑体系的时候需要佩戴安全防护用品，包括安全帽、安全防砸鞋、反光背心等。

(4) 支撑体系搭设完成，且水平预制构件吊装就位后，在浇筑混凝土前，工长需要通知技术总工、质量总监、安全总监、监理及吊装人员参与支撑验收，验收合格，方可进行混凝土浇筑；如果验收不合格，需要整改并验收合格后再浇筑混凝土。

(5) 搭设人员必须是经过考核合格的专业工人，必须持证上岗。

(6) 上下爬梯需要搭设稳固,要定期检查,发现问题及时整改。

(7) 楼层周边临边防护、电梯井、预留洞口封闭设施需要及时搭设。

(8) 楼层内垃圾需要清理干净。支撑拆除后需要及时转运到指定地点。

### 2. 楼面板独立支撑搭设主要点

楼面板的水平临时支撑有两种体系,一种是独立支撑体系,一种是传统满堂红脚手架体系。这里主要介绍独立支撑体系,见图 4-19。

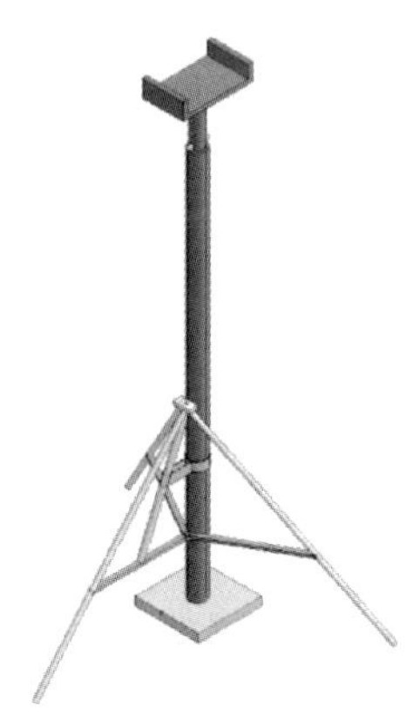

图 4-19　独立支撑体系

(1) 独立支撑搭设时要保证整个体系的稳定性,独立支撑下面的三脚架必须搭设牢固可靠。

(2) 独立支撑的间距要严格控制,不得随意加大支撑间距。

(3) 要控制好独立支撑离墙体的距离。

(4) 独立支撑的标高和轴线定位需要控制好,应按要求支设到位,防止叠合楼板搭设出现高低不平。

(5) 顶部 U 形托内木方不可用变形、腐蚀、不平直的材料,且叠合楼板交接处的木方需要搭接。

(6) 支撑的立柱套节旋转螺母不允许使用开裂、变形的材料。

(7) 支撑的立柱套节不允许使用弯曲、变形和锈蚀的材料。

(8) 独立支撑在搭设时的尺寸偏差应符合表 4-1 的规定。

表 4-1　独立支撑尺寸偏差

| 项　目 | | 允许偏差/mm | 检验方法 |
|---|---|---|---|
| 轴线位置 | | 5 | 钢尺检查 |
| 层高垂直度 | 不大于 5m | 6 | 经纬线或吊线、钢尺检查 |
| | 大于 5m | 8 | 经纬线或吊线、钢尺检查 |
| 相邻两板表面高低差 | | 2 | 钢尺检查 |
| 表面平整度 | | 3 | 2m 靠尺和塞尺检查 |

(9) 独立支撑的质量标准应符合表 4-2 规定。

表 4-2 独立支撑质量标准

| 项　　目 | 要　　求 | 抽检数量 | 检查方法 |
| --- | --- | --- | --- |
| 独立支撑 | 应有产品质量合格证、质量检验报告 | 750 根为一批，每批抽取 1 根 | 检查资料 |
| | 独立支撑钢管表面应平整光滑，不应有裂缝、结疤、分层、错位、硬弯、毛刺、压痕、深的划道及严重锈蚀等缺陷；严禁打孔 | 全数 | 目测 |
| 钢管外径及壁厚 | 外径允许偏差±0.5mm；壁厚允许偏差±10% | 3% | 游标卡尺测量 |
| 扣件螺栓拧紧扭力矩 | 扣件螺栓拧紧扭力矩值不应小于 40N·m，且不应大于 65N·m | | |

(10) 浇筑混凝土前必须检查立柱下三脚架开叉角度是否等边，立柱上下是否对顶紧固、不晃动，立柱上端套管是否设置配套插销，独立支撑是否可靠。浇筑混凝土时必须由模板支设班组设专人看模，随时检查支撑是否变形、松动，并组织及时调整。

(11) 层高较高的楼面板水平支撑体系要经过严格的计算，针对水平支撑的步距、水平杆数量、适宜采用独立支撑体系还是满堂红脚手架体系等相关内容制订详细的施工方案，并按施工方案认真执行。

3. 预制梁支撑体系搭设要点

(1) 预制梁的支撑体系通常使用盘扣架，立杆步距不大于 1.5m，水平杆步距不大于 1.8m。梁体本身较高的可以使用斜支撑辅助，以防止梁倾倒。

(2) 预制梁支撑架体的上方可加设 U 形托板，U 形托板上放置木方、铝梁或方管，安装前将木方、铝梁或方管调至水平；也可直接采用将梁放置到水平杆上，采用此种方式搭设时需要将所有水平杆调至同一设计标高。

(3) 梁底支撑搭设需牢固无晃动，在保证足够安全和稳定的前提下方可进行吊装。

(4) 梁底支撑应与现浇板架体支撑相连接。

(5) 其他方面可参考传统满堂红脚手架体系的搭设方法。

### 4.2.4 悬挑水平预制构件临时支撑

1. 悬挑水平预制构件临时支撑作业

(1) 距离悬挑端及支座处 300～500mm 各设置一道支撑。

(2) 垂直悬挑方向的支撑间距根据预制构件重量等经设计确定，常见的间距为 1～1.5m。

(3) 板式悬挑预制构件下支撑数不得少于 4 个。

(4) 特殊情况应另行计算复核后再进行支撑设置。

2. 临时支撑的检查

在施工中使用的定型工具式支撑、支架等系统时，应首先进行安全验算，安全验算通过后方可使用;使用时要定期或不定期进行检查,以确保其始终处于安全状态。

检查应包含以下项目。

(1) 检查支撑杆规格是否与图纸设计一致。

(2) 检查支撑杆上下两个螺栓是否扭紧。

(3) 检查支撑杆中间调节区定位销是否固定好。

(4) 检查支撑体系角度是否正确。

(5) 检查斜支撑是否与其他相邻支撑冲突,如有冲突,应及时调整。

## 4.3 预制构件安装作业

### 4.3.1 预制构件安装准备

装配式混凝土结构的特点之一就是有大量的现场吊装工作,其施工精度要求高,吊装过程安全隐患较大。因此,在预制构件正式安装前必须做好完善的准备工作,如制订构件安装流程,预制构件、材料、预埋件、临时支撑等应按国家现行有关标准及设计验收合格,并按施工方案、工艺和操作规程的要求做好人、机、料的各项准备,方能确保优质、高效、安全地完成施工任务。

#### 1. 技术准备

(1) 预制构件安装施工前,应编制专项施工方案,并按设计要求对各工况进行施工验算和施工技术交底。

(2) 安装施工前对施工作业工人进行安全作业培训和安全技术交底。

(3) 吊装前应合理规划吊装顺序,除满足墙(柱)、叠合板、叠合梁、楼梯、阳台等预制构件安装,还应结合施工现场情况,满足先外后内,先低后高原则。绘制吊装作业流程图,方便吊装机械行走,达到经济效益。

#### 2. 人员安排

构件安装是装配式结构施工的重要施工工艺,将影响整个建筑质量安全。因此,施工现场的安装应由专业的产业化工人操作,包括司机、吊装工、信号工等。

(1) 装配式混凝土结构施工前,施工单位应对管理人员及安装人员进行专项培训和相关交底。

(2) 施工现场必须选派具有丰富吊装经验的信号指挥人员、挂钩人员,作业人员施工前必须检查身体,对患有不宜高空作业疾病的人员不得安排高空作业。特种作业人员必须经过专门的安全培训,经考核合格,持特种作业操作资格证书上岗。特种作业人员应按规定进行体检和复审。

(3) 起重吊装作业前,应根据施工组织设计要求划定危险作业区域,在主要施工部位、作业点、危险区都必须设置醒目的警示标志,设专人加强安全警戒,防止无关人员进入。还应视现场作业环境专门设置监护人员,防止高处作业或交叉作业时造成落物伤人事故。

#### 3. 现场条件准备

(1) 检查构件套筒或浆锚孔是否堵塞。当套筒、预留孔内有杂物时,应当及时清理干净。用手电筒补光检查,发现异物用气体或钢筋将异物消掉。

(2) 将连接部位浮灰清扫干净。

(3) 对于柱子、剪力墙板等竖直构件,安好调整标高的支垫(在预埋螺母中旋入螺栓或在设计位置安放金属垫块),准备好斜支撑部件,检查斜支撑地销。

(4) 对于叠合楼板、梁、阳台板、挑檐板等水平构件,架立好竖向支撑。

(5) 伸出钢筋采用机械套筒连接时,须在吊装前在伸出钢筋端部套上套筒。

(6) 外挂墙板安装节点连接部件的准备,如果需要水平牵引,还应做好牵引葫芦吊点设置、工具准备等。

(7) 检验预制构件质量和性能是否符合现行国家规范要求。未经检验或不合格的产品不得使用。

(8) 所有构件吊装前应做好截面控制线,方便吊装过程中调整和检验,有利于质量控制。

(9) 安装前,复核测量放线及安装定位标识。

4. 机具及材料准备

(1) 阅读起重机械吊装参数及相关说明(吊装名称、数量、单件质量、安装高度等参数),并检查起重机械性能,以免吊装过程中出现无法吊装或机械损坏停止吊装等现象,杜绝重大安全隐患。

(2) 安装前应对起重机械设备进行试车检验并调试合格,宜选择具有代表性的构件或单元试安装,并应根据试安装结构及时调整完善施工方案和施工工艺。

(3) 应根据预制构件形状、尺寸及质量要求选择适宜的吊具,在吊装过程中,吊索水平夹角不宜小于60°,不应小于45°,尺寸较大或形状复杂的预制构件应选择设置分配梁或分配椅架的吊具,并应保证吊车主钩位置、吊具及构件重心在竖直方向重合。

(4) 准备牵引绳等辅助工具、材料,并确保其完好性,特别是要检查绳索是否有破损,吊钩卡环是否有问题等。

(5) 准备好灌浆料、灌浆设备、工具,调试灌浆机压力值。

## 4.3.2 单元试安装

单元试安装是指在正式安装前对平面跨度内包括各类预制构件的单元进行试验性安装,以便提前发现、解决安装中存在的问题,并在正式安装前做好各项准备工作。

1. 单元试安装的目的

(1) 验证施工组织设计的可行性。

(2) 检验施工方案的合理性、可行性。

(3) 通过试安装优化施工方案。

(4) 培训安装人员。

(5) 调试安装设备。

(6) 便于新结构体系方案的完善和推广使用。

2. 试安装的单元选择

(1) 宜选择一个具有代表性的单元进行预制构件试安装,见图4-20。

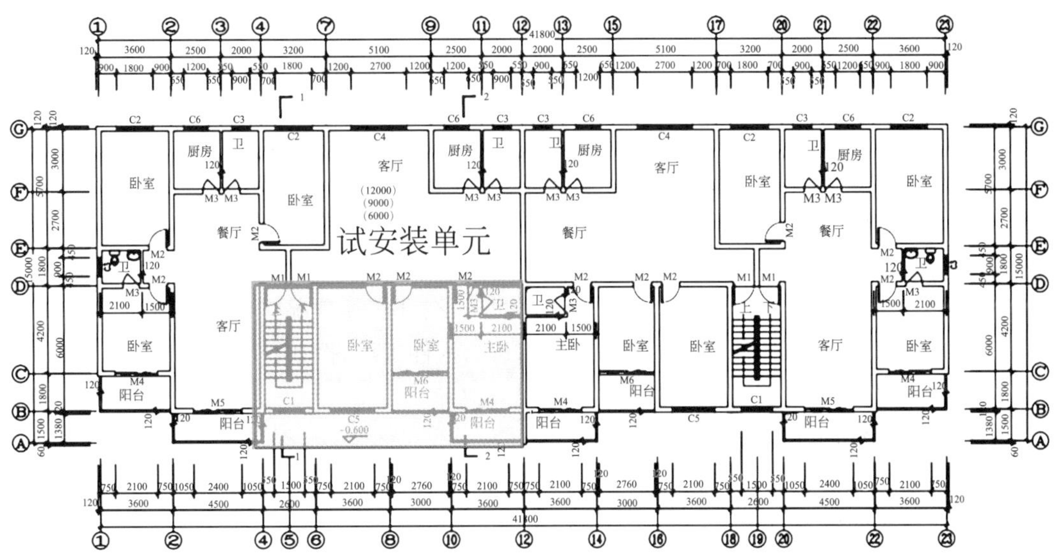


图 4-20 试安装单元

(2) 应选择预制构件比较全、难度大的单元进行试安装。

(3) 签订预制构件采购合同时告知预制构件厂需要试安装的构件，要求预制构件厂先行安排生产。

(4) 试安装的预制构件生产后及时组织单元试安装，试安装发现的问题应立即告知预制构件厂，并进行整改完善，避免批量生产有问题的预制构件，见图 4-21。

图 4-21 单元试安装实例

### 3. 单元试安装注意事项

单元试安装需注意以下事项。

(1) 确定试安装的单元和范围。

(2) 依据施工计划内容，列出所有预制构件及部品部件，并确认已经到场。

(3) 准备好试安装所需设备、工具、设施、材料、配件等。

(4) 组织好试安装的相关人员。

(5) 进行试安装前的安全和技术交底。

(6) 安排试安装过程的技术数据记录。

(7) 测定每个预制构件、部品部件的安装时间和所需人员数量。

(8) 判定吊具的合理性、安全性和支撑系统在施工中的可操作性、安全性。

(9) 检验所有预制构件之间连接的可靠性,确定各个工序间的衔接。

(10) 检验施工方案的合理性、可行性,并通过试安装优化施工方案。

4. 单元试安装总结与问题整改

通过单元试安装发现施工方案中的不合理之处,结合实际情况优化施工方案。需要工厂配合整改的预制构件存在的问题应及时通知预制构件工厂,例如:

(1) 外形尺寸超过允许偏差的问题;

(2) 预埋件数量、位置、型号等存在的问题;

(3) 套筒或浆锚孔数量、位置、型号、角度等存在的问题;

(4) 伸出钢筋位置、尺寸等存在的问题;

(5) 饰面材对缝错位的问题;

(6) 合理安排预制构件进场顺序的问题。

### 4.3.3 预制墙板安装

1. 施工流程

预制墙板安装施工流程为:基础清理及定位放线→测量标高及垫片安装(PCF 板夹芯保温外挂板需放置 PE 棒止水条)→预制墙板吊运安装就位→墙板临时支撑固定(PCF 两块相邻墙板之间应安装永久连接件)→墙板垂直水平校正→坐浆层封堵→连接节点钢筋绑扎封模→连接节点混凝土浇筑→竖向连接套筒灌浆→(PCF 外挂墙板打胶,接缝防水施工)。

2. 预制墙板安装要求

(1) 预制墙板安装应设置临时斜撑,每件预制墙板安装过程的临时斜撑应不少于 2 道,临时斜撑宜设置调节装置,支撑点位置距离底板不宜大于板高的 2/3,且不应小于板高的 1/2,斜支撑的预埋件安装、定位应准确。

(2) 预制墙板安装时应设置底部限位装置,每件预制墙板底部限位装置不少于 2 个,间距不宜大于 4m。

(3) 临时固定措施的拆除应在预制构件与结构可靠连接,且装配式混凝土结构能达到后续施工要求后进行。

(4) 预制墙板安装过程应符合下列规定:

① 构件底部应设置可调整接缝间隙和底部标高的垫块;

② 钢筋套筒灌浆连接、钢筋锚固搭接连接灌浆前应对接缝周围进行封堵;

③ 墙板底部采用坐浆时,其厚度不宜大于 20mm;

④ 墙板底部应分区灌浆,分区长度为 1～1.5m。

(5) 预制墙板校核与调整应符合下列规定:

① 预制墙板安装垂直度应满足外墙板面垂直为主;

② 预制墙板拼缝校核与调整应以竖缝为主、横缝为辅;

③ 预制墙板阳角位置相邻的平整度校核与调整应以阳角垂直度为基准。

### 3. 主要安装工艺

1）定位放线

在楼板上根据图纸及定位轴线放出预制墙体定位边线及 200mm 控制线，同时在预制墙体吊装前，在预制墙体上放出墙体 500mm 水平控制线，便于预制墙体安装过程中精确定位（图 4-22）。

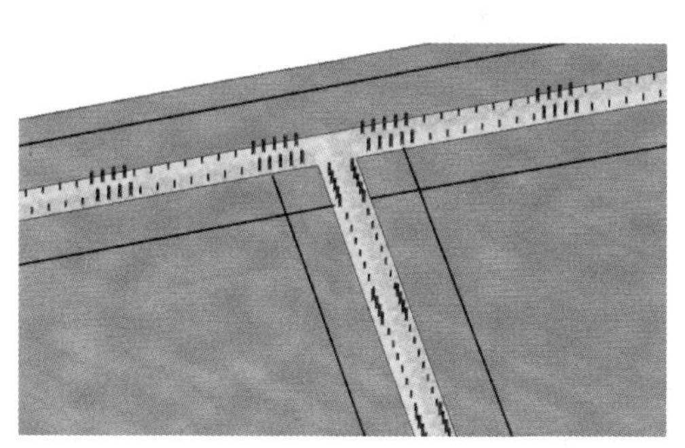

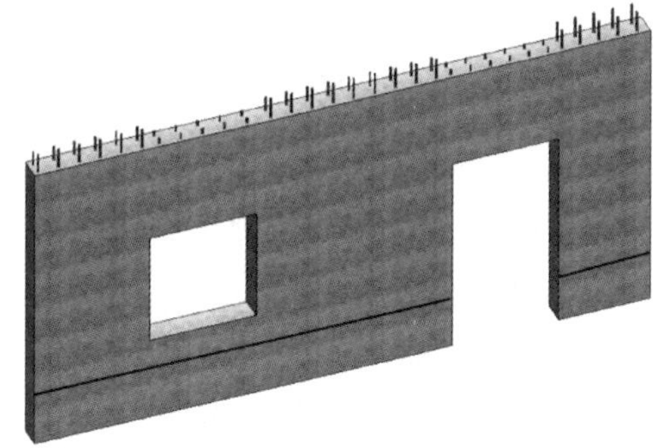

图 4-22　楼板及墙体控制线示意

2）调整偏位钢筋

预制墙体吊装前，为了便于预制构件快速安装，根据安装控制线检查定位框竖向连接插筋是否偏位，针对偏位钢筋用钢筋套管进行细微校正，便于后续预制墙体精确安装和校正（图 4-23）。

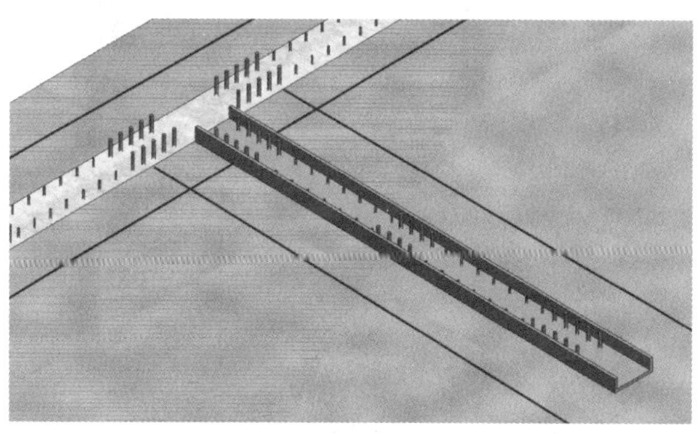

图 4-23　钢筋偏位校正

3）预制墙体吊装就位

预制墙板吊装时，为了保证墙体构件整体受力均匀，采用专用吊梁（即模数化通用吊梁）。专用吊梁由 H 形钢焊接而成，根据各预制构件吊装时的不同尺寸、不同起吊点位置，设置模数化吊点，确保预制构件在吊装时吊装钢丝绳保持竖直。专用吊梁下方设置专用吊钩，用于悬挂吊索，进行不同类型预制墙体的吊装（图 4-24）。

预制墙体吊装过程中，距楼板面 1000mm 处减缓下落速度，操作人员观察连接插筋与灌浆套筒的对孔，直至钢筋全部插入套筒内（预制墙体安装时，按顺时针依次安装，先吊装

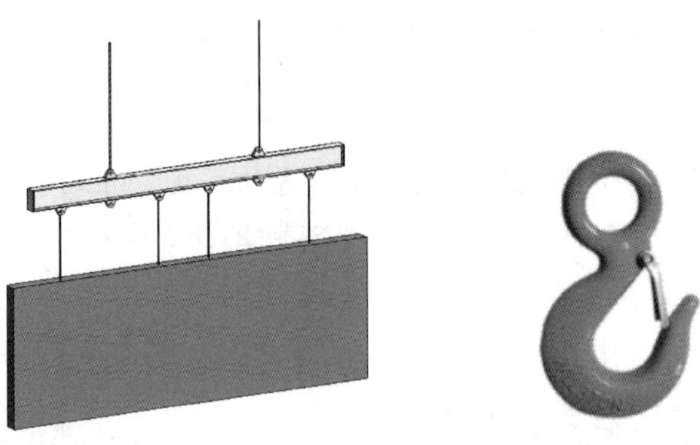

图 4-24　预制墙体专用吊梁、吊钩

外墙板后吊装内墙板)。

4）安装斜向支撑及底部限位装置

预制墙体吊装就位后,先安装斜向支撑,斜向支撑用于固定调节预制墙体,确保预制墙体安装垂直度(图 4-25);再安装预制墙体底部限位装置七字码,用于加固墙体与主体结构连接的稳固性,确保后续灌浆与暗柱混凝土浇筑时不产生位移。墙体通过靠尺校核其垂直度,如有偏位,调节斜向支撑,确保构件的水平位置及垂直度误差均在允许误差 5mm 之内,相邻墙板构件平整度允许误差±5mm。此施工过程中要同时检查外墙面上下层的平齐情况,允许误差以不超过 3mm 为准,如果超过允许误差,要以外墙面上下层错开 3mm 为准重新进行墙板的水平位置及垂直度调整,最后固定斜向支撑及七字码。

图 4-25　垂直校正及支撑安装

## 4.3.4　预制柱安装

1. 施工流程

预制柱安装施工流程为:标高找平→竖向预留钢筋校正→预制柱吊装→临时支撑固定及校正→坐浆层封堵及灌浆。

2. 预制柱安装要求

(1) 预制柱安装前应校核轴线、标高以及连接钢筋的数量、规格、位置。

(2) 预制柱安装就位后在两个方向应采用可调斜撑作临时固定,并进行垂直度调整以及在柱子四角缝隙处加塞垫片。

(3) 预制柱的临时支撑,应在套筒连接器内的灌浆料强度达到设计要求后拆除,当设计无具体要求时,混凝土或灌浆料应达到设计强度的75%以上方可拆除。

3. 主要安装工艺

1) 标高找平

预制柱安装施工前,通过激光扫平仪和钢尺检查楼板面平整度,用铁制垫片使楼层平整度控制在允许偏差范围内。

2) 竖向预留钢筋校正

根据所弹出柱线,采用钢筋限位框,对预留插筋进行位置复核,对有弯折的预留插筋应用钢筋校正器进行校正,以确保预制柱连接的质量。

3) 预制柱吊装

预制柱吊装采用慢起、快升、缓放的操作方式。塔式起重机缓缓持力,将预制柱吊离存放架,然后快速运至预制柱安装施工层。在预制柱就位前,应清理柱安装部位基层,然后将预制柱缓缓吊运至安装部位的正上方。

4) 预制柱的安装及校正

塔式起重机将预制柱下落至设计安装位置,下一层预制柱的竖向预留钢筋与预制柱底部的套筒全部连接,吊装就位后,立即加设不少于2根的斜支撑对预制柱临时固定,斜支撑与楼面的水平夹角不应小于60°。

根据已弹好的预制柱的安装控制线和标高线,用2m长靠尺、吊线锤检查预制柱的垂直度,并通过可调斜支撑微调预制柱的垂直度(图4-26),预制柱安装施工时应边安装边校正。

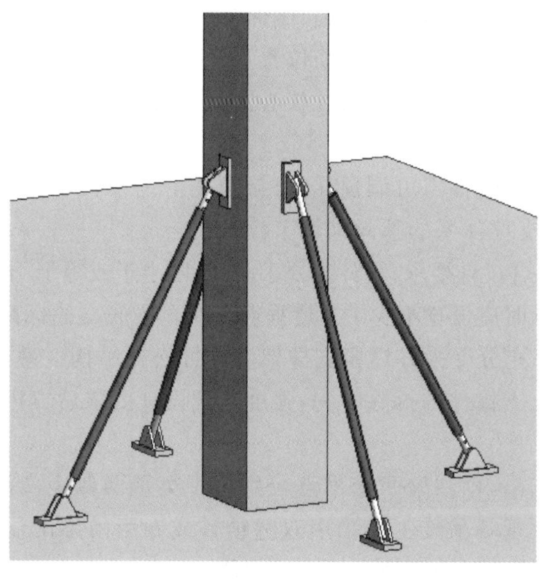

图4-26 使用斜支撑调整预制柱垂直度

5）灌浆施工

灌浆作业应按产品要求计量灌浆料和水的用量并搅拌均匀，搅拌时间从开始加水到搅拌结束应不少于8min，然后静置2～3min；每次拌制的灌浆料拌合物应进行流动度的检测，灌浆料使用温度不宜低于5℃，且其流动度应≥300mm。搅拌后的灌浆料应在30min内使用完毕。

### 4.3.5 预制梁安装

1. 施工流程

预制梁安装施工流程为：预制梁进场、验收→按图放线→设置梁底支撑→预制梁起吊→预制梁就位微调→接头连接。

2. 预制梁安装要求

（1）梁吊装顺序应遵循先主梁后次梁，先低后高的原则。

（2）预制梁安装就位后应对水平度、安装位置、标高进行检查。根据控制线对梁端和两侧进行精密调整，误差控制在2mm以内。

（3）预制梁安装时，主梁和次梁伸入支座的长度与搁置长度应符合设计要求。

（4）预制次梁与预制主梁之间的凹槽应在预制楼板安装完成后，采用不低于预制梁混凝土强度等级的材料填实。

（5）梁吊装前柱核心区内先安装1道柱箍筋，梁就位后再安装2道柱箍筋，之后才可进行梁、墙吊装。否则，柱核心区质量无法保证。

（6）梁吊装前应将所有梁底标高进行统计，有交叉部分梁吊装方案根据先低后高安排施工。

3. 主要安装工艺

1）定位放线

用水平仪测量并修正柱顶与梁底标高，确保标高一致，然后在柱上弹出梁边控制线。

预制梁安装前应复核柱钢筋与梁钢筋位置、尺寸，对梁钢筋与柱钢筋安装有冲突的，应按经设计部门确认的技术方案调整。梁柱核心区箍筋安装应按设计文件要求进行。

2）支撑架搭设

梁底支撑采用钢立杆支撑＋可调顶托，可调顶托上铺设长×宽为100mm×100mm方木，预制梁的标高通过支撑体系的顶丝来调节。

临时支撑位置应符合设计要求；设计无要求时，长度小于或等于4m时应设置不少于2道垂直支撑，长度大于4m时应设置不少于3道垂直支撑。梁底支撑标高调整宜高出梁底结构标高2mm，应保证支撑充分受力并撑紧支撑架后方可松开吊钩。叠合梁应根据构件类型、跨度来确定后浇混凝土支撑件的拆除时间，强度达到设计要求后方可承受全部设计荷载。

3）预制梁吊装

预制梁一般用两点吊，预制梁两个吊点分别位于梁顶两侧距离两端0.2倍梁长位置，由生产构件厂家预留。现场吊装工具采用双腿锁具或专用吊梁吊住预制梁两个吊点逐步移向拟定位置，人工通过预制梁顶绳索辅助梁就位。

4）预制梁微调定位

当预制梁初步就位后，两侧借助柱上的梁定位线将梁精确校正。梁的标高通过支撑体系的顶丝来调节，调平同时需将下部可调支撑上紧，这时方可松去吊钩。

5）接头连接

混凝土浇筑前应将预制梁两端键槽内的杂物清理干净，并提前24h浇水湿润。预制梁两端键槽锚固钢筋绑扎时，应确保钢筋位置的准确。预制梁水平钢筋连接为机械连接、钢套筒灌浆连接或焊接连接。

### 4.3.6　预制楼板安装

1. 施工流程

预制楼板安装施工流程为：预制板进场验收→搭设叠合板水平支撑（模板上叠合板安装边缘须贴双面胶带）→预制板吊装→预制板就位→预制板校正定位。

2. 预制楼板安装要求

（1）构件安装前应编制支撑方案，支撑架体宜采用可调工具式支撑系统，首层支撑架体的地基必须坚实，架体必须有足够的强度、刚度和稳定性。

（2）板底支撑间距不应大于2m，每根支撑之间高差不应大于2mm，标高偏差不应大于3mm，悬挑板外端比内端支撑宜调高2mm。

（3）预制楼板安装前，应复核预制板构件端部和侧边的控制线以及支撑搭设情况是否满足要求。

（4）预制楼板安装应通过微调垂直支撑来控制水平标高。

（5）预制楼板安装时，应保证水电预埋管（孔）位置准确。

（6）预制楼板吊至梁、墙上方30～50cm后，应调整板位置使板锚固筋与梁箍筋错开，根据梁、墙上已放出的板边和板端控制线，准确就位，偏差不得大于2mm，累计误差不得大于5mm。板就位后调节支撑立杆，确保所有立杆全部受力。

（7）预制叠合楼板吊装顺序依次铺开，不宜间隔吊装。在混凝土浇筑前，应校正预制构件的外露钢筋，外伸预留钢筋伸入支座时，预留筋不得弯折。

（8）相邻叠合楼板间拼缝及预制楼板与预制墙板位置拼缝应符合设计要求并有防止裂缝的措施。施工集中荷载或受力较大部位应避开拼接位置。

3. 主要安装工艺

1）定位放线

预制墙体安装完成后，由测量人员根据预制叠合板板宽放出独立支撑定位线（图4-27），并安装独立支撑，同时根据叠合板分布图及轴网，利用经纬仪在预制墙体上放出板缝位置定位线，板缝定位线允许误差±10mm。

2）板底支撑架搭设

支撑架体应具有足够的承载能力、刚度和稳定性，应能可靠地承受混凝土构件的自重和施工过程中所产生的荷载及风荷载，支撑立杆下方应铺50mm厚木板。

确保支撑系统的间距及距离墙、柱、梁边的净距符合系统验算要求，上下层支撑应在同一直线上。

在可调节顶撑上架设方木，调节方木顶面至板底设计标高，开始吊装预制楼板。

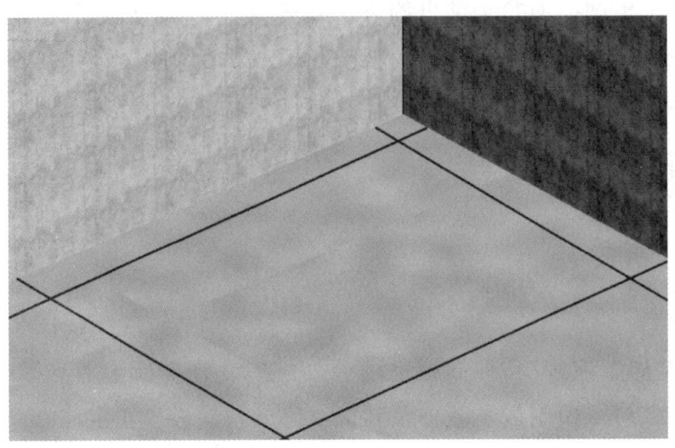

图 4-27　预制楼板控制线

3）预制楼板吊装就位

为了避免预制楼板吊装时，因受集中应力而造成叠合楼板开裂，预制楼板吊装宜采用专用吊架（图 4-28）。

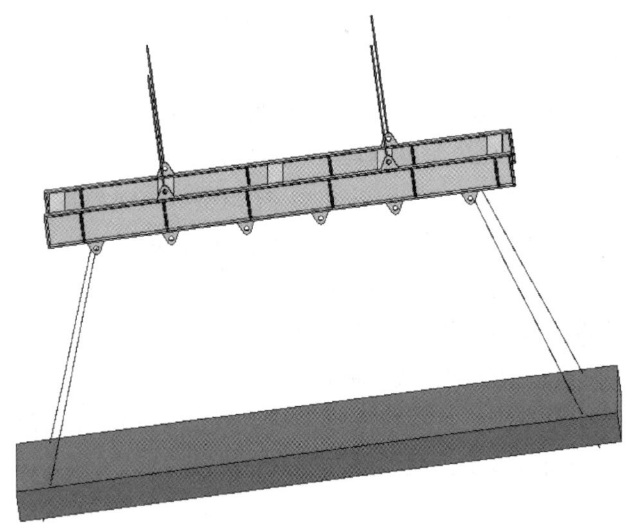

图 4-28　预制楼板吊装示意

预制叠合楼板吊装过程中，在作业层上空 500mm 处减缓降落，由操作人员根据板缝定位线，引导楼板降落至独立支撑上。及时检查板底与预制叠合梁或剪力墙的接缝是否到位，预制楼板钢筋深入墙长度是否符合要求，直至吊装完成。

4）预制板校正定位

根据预制墙体上水平控制线及竖向板缝定位线，校核叠合楼板水平位置及竖向标高情况，通过调节竖向独立支撑，确保叠合楼板满足设计标高要求；通过撬棍（撬棍配合垫木使用，避免损坏板边角）调节叠合楼板水平位移，确保叠合楼板满足设计图纸水平分布要求（图 4-29）。

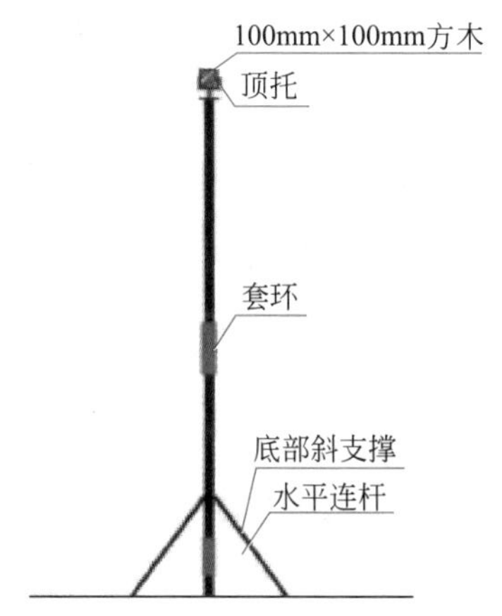

图 4-29 预制板调整定位

## 4.3.7 预制外挂板安装

1. 施工流程

预制外挂板安装施工流为：结构标高复核→预埋连接件复检→预制外挂板起吊及安装→安装临时承重铁件及斜撑→调整预制外挂板位置、标高、垂直度→安装永久连接件→吊钩解钩。

2. 预制外挂板安装要求

（1）构件起吊时要严格执行“333 制”，即先将预制外挂板吊起距离地面 300mm 的位置后停稳 30s，相关人员要确认构件是否水平，如果发现构件倾斜，要停止吊装，放回原来位置重新调整，以确保构件能够水平起吊。另外，还要确认吊具连接是否牢靠，钢丝绳有无交错等。确认无误后，可以起吊，所有人员远离构件 3m 远。

（2）构件吊至预定位置附近后，缓缓下放，在距离作业层上方 600mm 处停止。吊装人员用手扶预制外挂板，配合起吊设备将构件水平移动至构件吊装位置。就位后缓慢下放，吊装人员通过地面上的控制线，将构件尽量控制在边线上。若偏差较大，需重新吊起距地面 50mm 处，重新调整后再次下放，直到基本达到吊装位置为止。

（3）构件就位后，需要进行测量确认，测量指标主要有高度、位置、倾斜。调整顺序建议按“先高度再位置后倾斜”进行调整。

3. 主要安装工艺

1）安装临时承重件

预制外挂板吊装就位后，在调整好位置和垂直度前，需要通过临时承重铁件进行临时支撑，铁件同时还起到控制吊装标高的作用（图 4-30）。

2）安装永久连接件

预制外挂板通过预埋铁件与下层结构连接起来，连接形式为焊接及螺栓连接（图 4-31）。

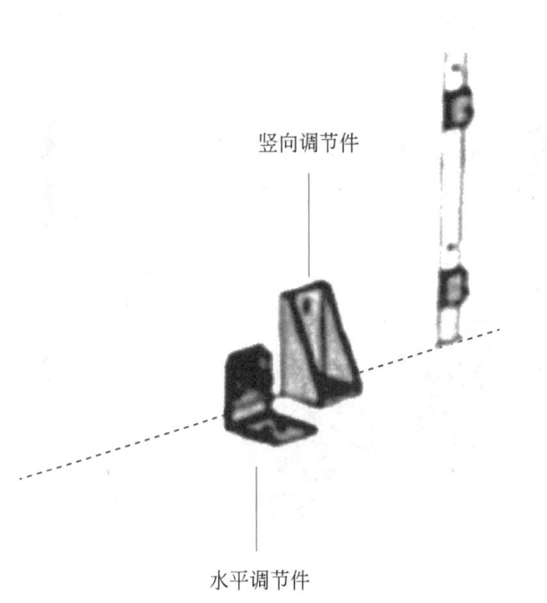

图 4-30 临时铁件与外挂板连接

图 4-31 预制外挂板安装示意

### 4.3.8 内隔墙板安装

内隔墙安装工艺流程与外墙板大致相同，但需要特别注意以下几点。

(1) 内墙板和内隔墙板也采用硬塑垫块进行找平，并在 PC 构件安装之前进行聚合物砂浆坐浆处理，坐浆密实均匀，一旦墙板就位，聚合物砂浆就把墙板和基层之间的缝有效密实。

(2) 安装时应注意墙板上预留管线以及预留洞口是否有偏差，如发现有偏差而吊装完后又不好处理的应先处理后再安装就位。

(3) 墙板落位时注意编号位置以及正反面(箭头方向为正面)。根据楼面上所标示的垫块厚度与位置选择合适的垫块将墙板垫平，就位后将墙板底部缝隙用砂浆填塞满。

(4) 墙板就位时应注意墙板上管线预留孔洞与楼面现浇部分预留管线的对接位置是否准确，如有偏差墙板，应先不要落位，应通知水电安装人员及时处理。

(5) 墙板处两端有柱或暗柱时注意，如墙板与柱或暗柱钢筋先施工时，应将柱或暗柱箍筋先套在柱主筋内，否则将会增加钢筋施工难度。如柱钢筋与梁先施工时柱箍筋应只绑扎到梁底位置，否则墙板无法就位。墙板暗梁底部纵向钢筋必须放置在柱或剪力墙纵向钢筋内侧。

(6) 模板安装完后，应全面检查墙板的垂直度以及位移偏差，以免安装模板时将墙板移动。

### 4.3.9 预制楼梯安装

#### 1. 施工流程

预制楼梯安装施工流程为：预制楼梯进场、验收→放线→垫片及坐浆料施工→预制楼梯吊装→预制楼梯校正→预制楼梯固定。

2. 预制楼梯安装要求

(1) 预制楼梯安装前应复核楼梯的控制线及标高,并做好标记。

(2) 预制楼梯支撑应有足够的承载力、刚度及稳定性,楼梯就位后调节支撑立杆,确保所有立杆全部受力。

(3) 预制楼梯吊装应保证上下高差相符,顶面和底面平行,便于安装。

(4) 预制楼梯安装位置准确,应采用预留锚固钢筋方式安装时,应先放置预制楼梯,再与现浇梁或板浇筑连接成整体,并保证预埋钢筋锚固长度和定位符合设计要求。当采用预制楼梯与现浇梁或板之间采用预埋件焊接或螺栓杆连接方式时,应先施工现浇梁或板,再搁置预制楼梯进行焊接或螺栓孔灌浆连接。

3. 主要安装工艺

1) 放线定位

楼梯间周边梁板叠合层混凝土浇筑完工后,测量并弹出相应楼梯构件端部和侧边的控制线(图 4-32)。

2) 预制楼梯吊装

预制楼梯一般采用四点吊,配合手拉葫芦吊具调整索具铁链长度下落就位,使楼梯段休息平台处于水平位置,试吊预制楼梯板,检查吊点位置是否准确,吊索受力是否均匀等。试起吊高度不应超过 1m(图 4-33)。

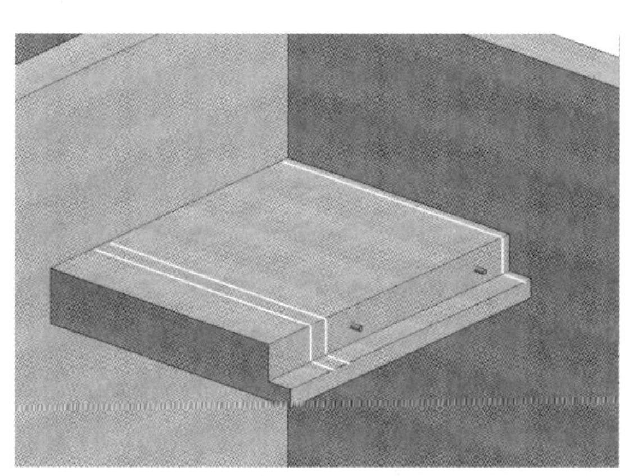

图 4-32　楼梯控制线

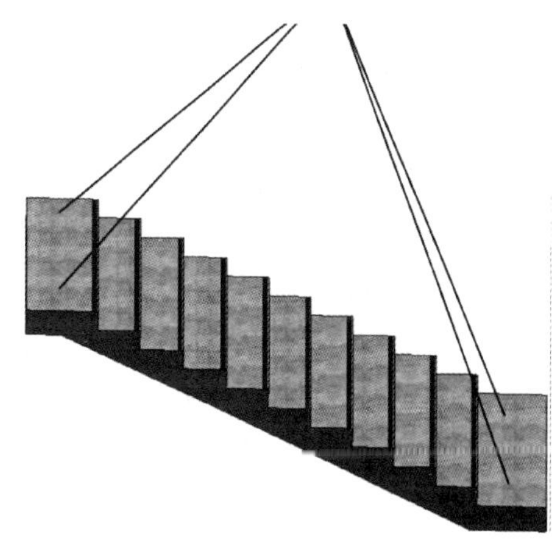

图 4-33　预制楼梯吊装示意

## 4.3.10　双 T 板(T 板)安装

1. 吊装前准备

吊装前必须疏通好道路;清理好施工现场有碍吊装施工进行的一切障碍物;用电设施要安全可靠;松软、有坑陷等隐患地带一定要进行辅助加固;吊装前必须准备好吊装用的垫块、垫木及所用铁件等。

施工前要做好技术交底。提前画好构件安装十字线,必须认真检查机械设备的性能,索具、绳索、撬杠、电焊机等的完好程度,电焊机外壳必须接地良好并安装漏电保护器,其电源的装拆应由电工进行。劳工组织要详细妥当,劳保用品要配备齐全。

2. 吊装

吊装前先将吊车就位，吊车从施工入口进入楼内，吊装时双T板两端捆绑溜绳，以控制双T板在空中的位置。就位时，双T板的轴线对准双T板面上的中心线，缓缓落下，并以框架梁侧面标高控制线校正双T板标高。

双T板校正包括平面位置和垂直度校正。双T板底部轴线与框架梁中心对准后，用尺检测框架梁侧面轴线与双T板顶面上的标准轴线间距离。双T板校正后将双T板上部连接与埋件点焊，再用钢尺复核一下跨距，方可脱钩，并按设计要求将各连接件按设计要求焊好。

3. 安全保证措施

该吊装工程构件较重，采用车辆较大，工序复杂，高空作业的机械化程度较高，因此，必须采用各种安全措施，以确保吊装工作的顺利进行。

(1) 吊装人员必须体检合格，不得酒后或带病参加高空作业。

(2) 高空作业人员不得穿硬底鞋、高跟鞋、带钉鞋、易滑鞋，衣着要灵便。

(3) 吊装前，对参加人员进行有关吊装方法、安全技术规程等方面的交底和训练，明确人员分工。

(4) 作业区要设专人监护，非吊装人员不得进入，所有高空作业人员必须系好安全带，吊臂、吊物下严禁站人或通过。

(5) 每次吊装前一定要认真检查机械技术状况，吊装绳索的安全完好程度，详细检查构件的几何尺寸和质量。双T板端部埋件与框架梁埋件焊接时达到焊缝厚度应大于或等于6mm，连接处三面满焊。

(6) 双T板起吊应平稳，双T板刚离地面时要注意双T板摆动，防止碰挤伤人，离地面20～30cm时，以急刹车来检验吊车的轻重性能和吊索的可靠性，吊臂下不得站人。

(7) 双T板就位后，吊钩应稍稍松懈后刹车，看双T板是否稳定，如无异常，则可脱钩进行下双T板施工。

(8) 吊装前将脚手架落至框架梁下30cm，搭设操作平台，框架梁四周铺设脚手板500mm宽，框架梁间满挂安全网，用棕绳捆绑在柱子上。

(9) 焊工工作前，检查用电设备，确保线路无漏电或接触不良等情况，各用电设备必须按规定接地接零。

(10) 作业时起重臂下严禁站人，下部车驾驶室不得坐人，重物不得超越驾驶室上方，不得在车前方起吊。起重臂伸缩时，应按规定程序进行，起重臂伸出后若出现前节长度大于后节伸出长度时，必须调整正常后方可作业。吊装施工过程中做到"四统一"：统一指挥，统一调度，统一信号，统一时间。

(11) 参加吊装的作业人员应听从统一指挥、精力集中、严守岗位，未经同意不得离岗，发生事故应追查责任。

(12) 遇有雨天或6级以上大风，不准进行吊装作业。

### 4.3.11 其他预制构件安装

1. 预制阳台板安装要求

(1) 预制阳台板安装前，测量人员根据阳台板宽度，放出竖向独立支撑定位线，并安装独立支撑，同时在预制叠合板上，放出阳台板控制线。

(2) 当预制阳台板吊装至作业面上空 500mm 时，减缓降落，由专业操作工人稳住预制阳台板；根据叠合板上控制线，引导预制阳台板降落至独立支撑上，根据预制墙体上水平控制线及预制叠合板上控制线，校核预制阳台板水平位置及竖向标高情况，通过调节竖向独立支撑，确保预制阳台板满足设计标高要求；通过撬棍(撬棍配合垫木使用，避免损坏板边角)调节预制阳台板水平位移，确保预制阳台板满足设计图纸水平分布要求。

(3) 预制阳台板定位完成后，将阳台板钢筋与叠合板钢筋可靠连接固定，预制构件固定完成后，方可摘除吊钩。

(4) 同一构件上吊点高低有不同的，低处吊点采用副链进行拉接，起吊后调平，落位时采用副链紧密调整标高。

**2. 预制空调板安装要求**

(1) 预制空调板吊装时，板底应采用临时支撑措施。

(2) 预制空调板与现浇结构连接时，预留锚固钢筋应伸入现浇结构部分，并应与现浇结构连成整体。

(3) 预制空调板采用插入式吊装方式时，连接位置应设预埋连接件，并应与预制外挂板的预埋连接件连接，空调板与外挂板交接的四周防水槽口应嵌填防水密封胶。

## 4.4 预制构件接缝处理

### 4.4.1 接缝类型及构造

预制构件接缝类型及构造装配式混凝土建筑预制构件构造接缝有以下几种：

(1) 夹芯保温剪力墙板的外墙构造接缝；

(2) 无保温外墙构造接缝；

(3) 建筑的变形缝；

(4) 框架结构和筒体结构外挂墙板间的构造接缝；

(5) 无外挂墙板框架结构梁柱间的构造接缝，见图 4-34。

图 4-34 无外挂墙板框架结构

### 1. 夹芯保温剪力墙外墙撞缝

(1) 夹芯保温剪力墙板外叶板的水平缝节点。夹芯保温剪力墙板的内叶板是通过套筒灌浆或浆锚搭接的方式与后浇梁实现连接的，外叶板有水平接缝，其构造见图 4-35。

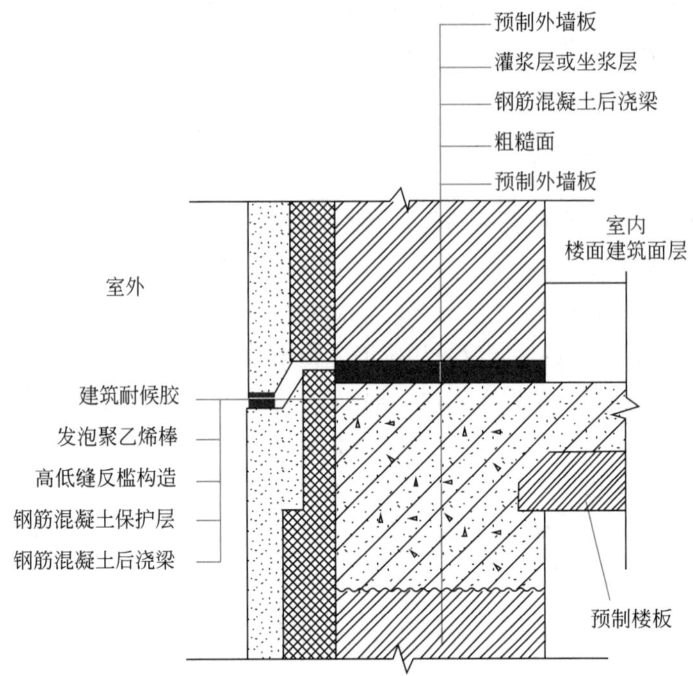


图 4-35　夹芯保温剪力墙外叶板水平缝构造示意图

(2) 夹芯保温剪力墙外叶板的竖缝节点。夹芯保温剪力墙外叶板的竖缝一般在后浇混凝土区。夹芯保温剪力墙的保温层与外叶板外延，以遮挡后浇区，同时也作为后浇区混凝土的外模板，见图 4-36。

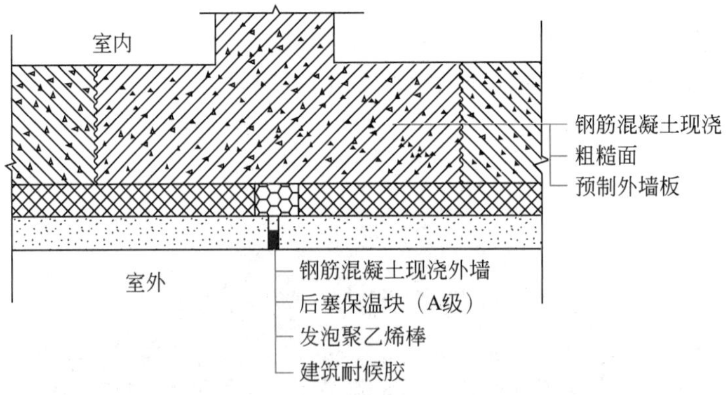


图 4-36　夹芯保温剪力墙外叶板竖缝构造示意图

(3) L 形后浇段构造接缝。带转角 PCF 板剪力墙转角处为后浇区，表皮与上述墙板一样，接缝构造见图 4-37。

（4）夹芯保温剪力墙转角处的构造接缝见图 4-38。

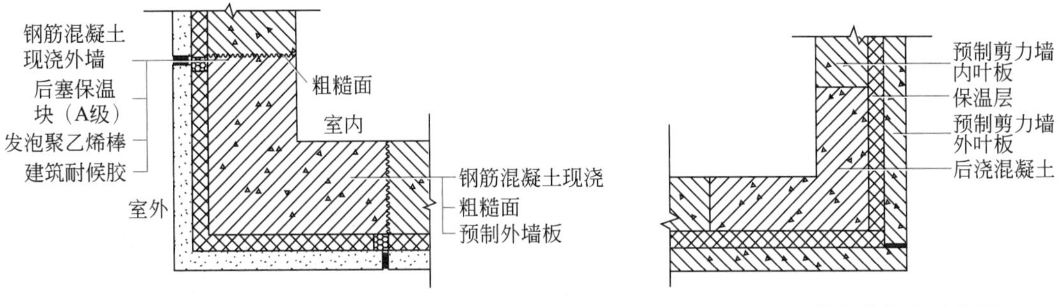


图 4-37 L形竖向后浇段接缝构造示意图　　图 4-38 转角处构造示意图

**2. 无保温层或外墙内保温的构件构造接缝**

建筑表面为清水混凝土或涂漆时，连接节点的灌浆部位通常做成凹缝，构造见图 4-39。为保证接缝处受力钢筋的保护层厚度，灌浆前用橡胶条塞入接缝处堵缝，灌浆后取出橡胶条，接缝处形成凹缝。

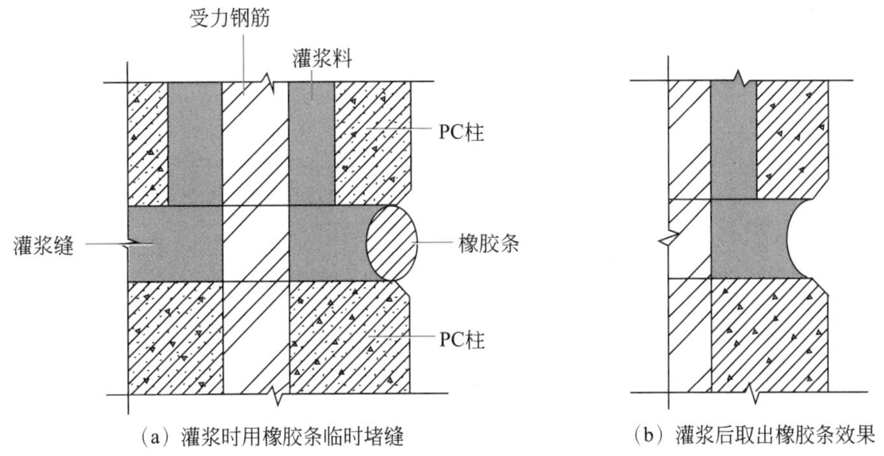


（a）灌浆时用橡胶条临时堵缝　（b）灌浆后取出橡胶条效果

图 4-39 灌浆料部位凹缝构造示意图

**3. 建筑的变形缝**

建筑的变形缝构造见图 4-40。

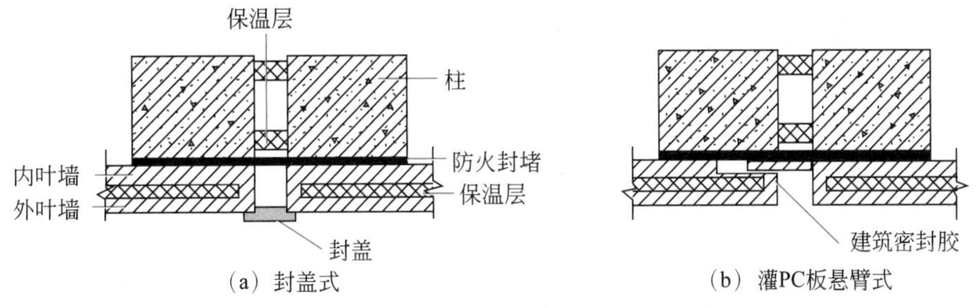


（a）封盖式　（b）灌PC板悬臂式

图 4-40 变形缝构造示意图

4. 框架结构和筒体结构外挂墙板间的构造接缝

在混凝土柱、梁结构及钢结构中,外挂墙板作为外围护结构的应用很多。外挂墙板的接缝有以下 3 种类型。

(1) 无保温外挂墙板接缝构造见图 4-41。

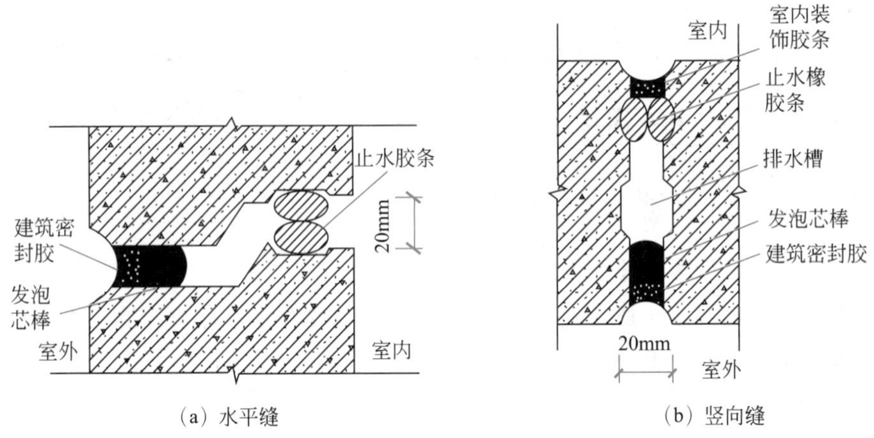


图 4-41 无保温外挂墙板接缝构造示意图

(2) 夹芯保温板接缝构造有两种,见图 4-42。

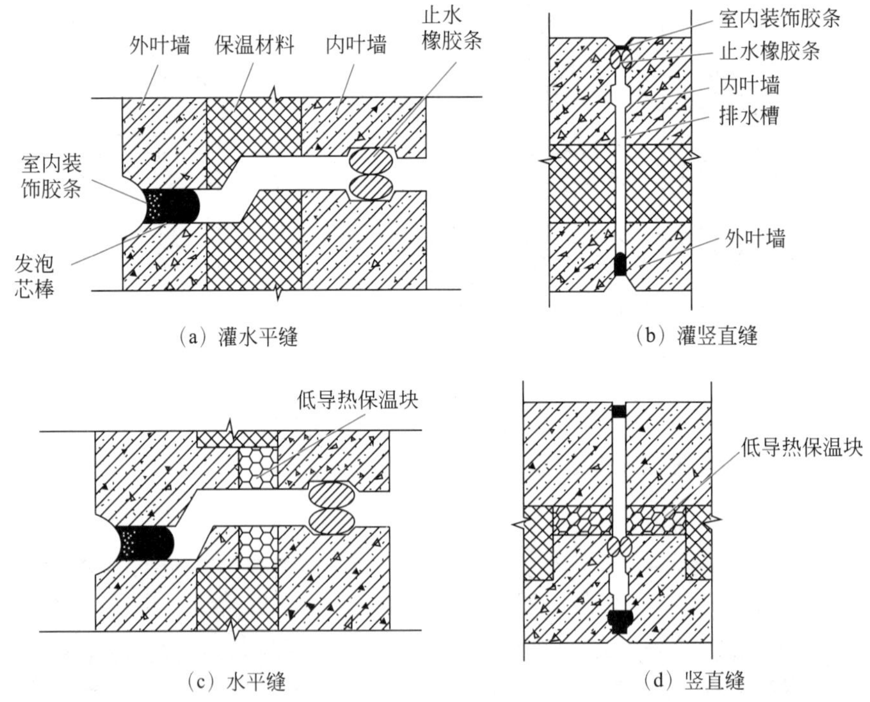


图 4-42 夹芯保温板接缝构造示意图

(3) 夹芯保温板外叶板端部封头构造见图 4-43。

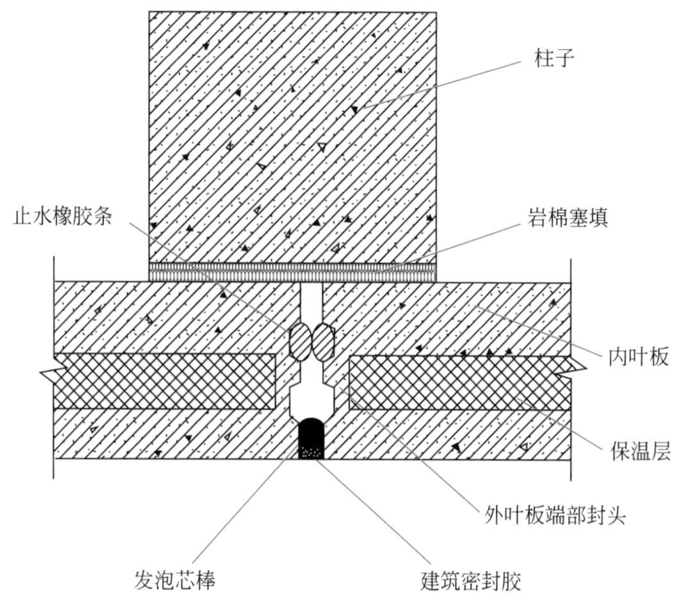


图 4-43 夹芯保温板外叶板端部封头构造示意图

### 4.4.2 接缝防水处理要点

以预制外挂墙板为例介绍接缝防水处理的要点，其他构造的接缝防水处理可参照进行。

预制外挂墙板板缝的室内外是相通的，对于板缝的保温、防水性能要求很高，在施工过程中要足够重视。同时，外墙挂板之间禁止传力，所以板缝控制及密封胶的选择非常关键。

(1) 严格按照设计图纸要求进行板缝的施工，制订专项方案，报监理批准后认真执行。

(2) 预制外挂墙板接缝通常设置 3 道防水措施，第一道为密封胶防水；第二道采用构造防水；第三道为气密防水(止水胶条)。施工过程中应严格按照规范及设计要求进行防水封堵作业。

(3) 外挂墙板接缝的气密条(止水胶条)应在安装前黏结到外挂墙板上，止水胶条要粘贴牢固。

(4) 止水胶条须是空心的，除了密封性和耐久性较好外，还应当有较好的弹性和高压缩率。

(5) 外挂墙板安装过程中要做到操作精细，防止构造防水部位受到磕碰，一旦产生磕碰应立即进行修补。

(6) 外挂墙板是自承重预制构件，不能通过板缝之间进行传力，在施工时要保证外挂墙板四周空腔内不得混入硬质杂物。

(7) 打胶前应先修整接缝，清除垃圾和浮灰，见图 4-44。打胶缝两侧须粘贴美纹纸，以防止污染墙面。

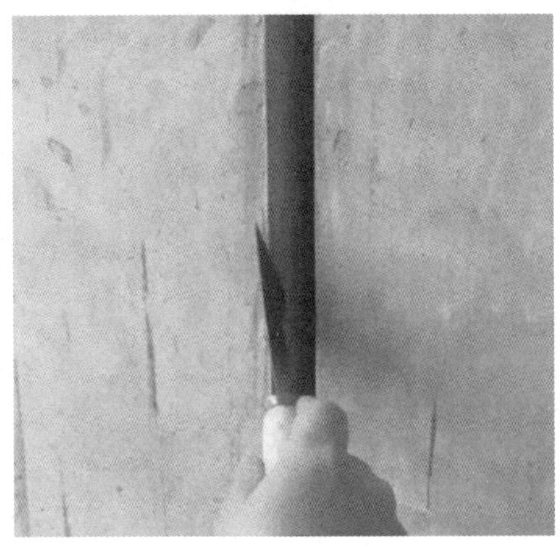

图 4-44 板缝清理示意图

(8) 建筑防水密封胶应与混凝土有良好的黏性，还要具有耐候性和较好的弹性，压缩率要高，同时还要考虑密封胶的可涂装性和环保性，国内通常采用 MS 胶。

(9) 密封胶应填充饱满、平整、均匀、顺直、表面平滑，厚度符合设计要求，不得有裂缝现象，宜使用专用工具进行打胶，见图 4-45 和图 4-46，保证胶缝美观。

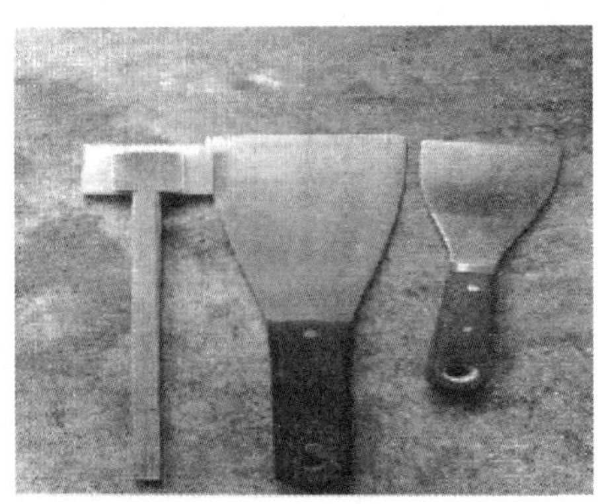

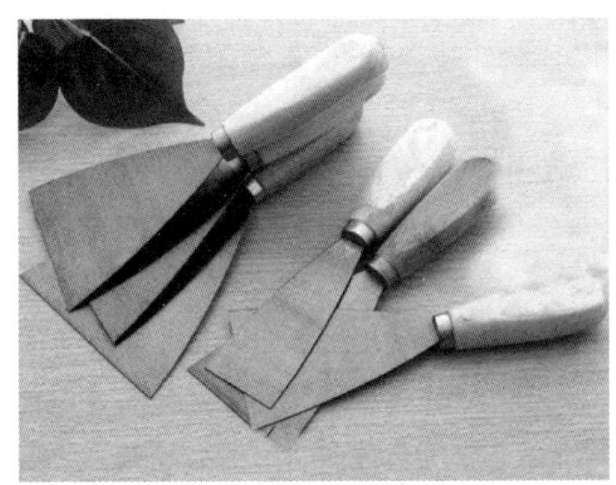

图 4-45 打胶专用橡皮刮刀及铁铲刀

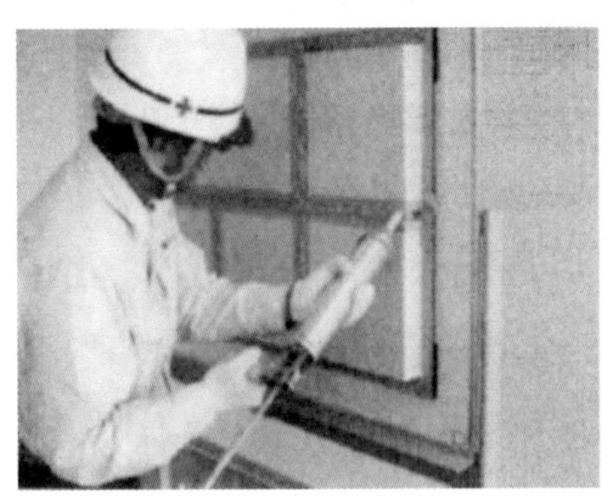

图 4-46 打胶专用胶枪

(10) 打胶前准备工作参见图 4-47,打胶作业程序参见图 4-48。

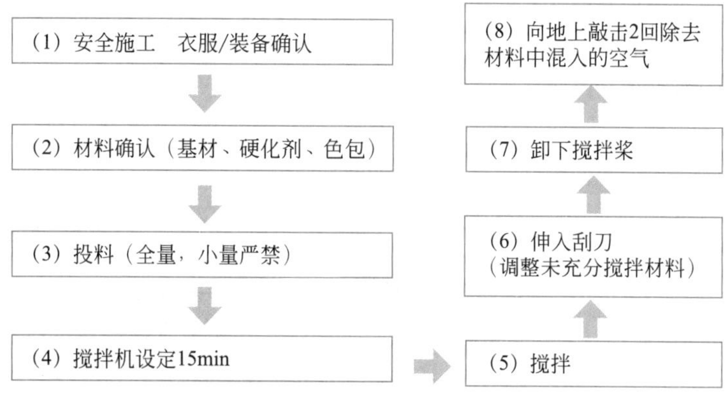


图 4-47 打胶前准备工作示意图

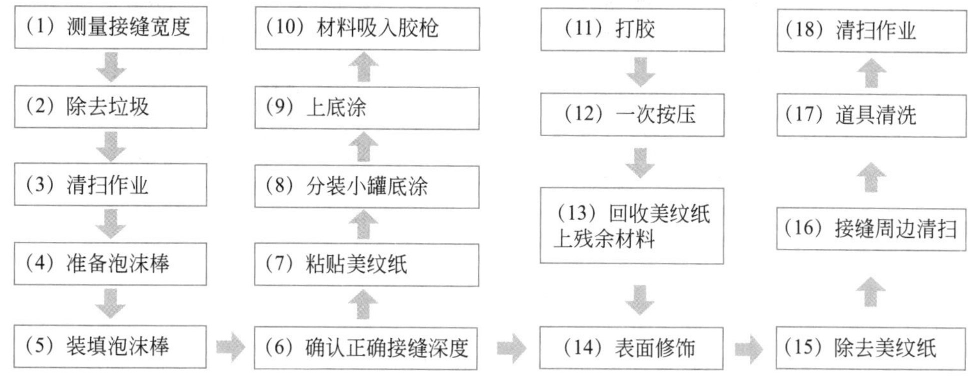


图 4-48 打胶作业程序示意图

(11) 打胶作业完成后,应将接缝周边、打胶用具及作业现场附近清理干净。

(12) 接缝防水封堵作业完成后应在外墙外侧做淋水、喷水试验,并在外侧观察有无渗漏。

### 4.4.3 接缝防火处理要点

#### 1. 接缝防火处理要求

有防火及保温要求的构造缝隙需要封堵防火及保温材料,应根据设计要求选择封堵材料,封堵须密实,保证保温效果,防止冷桥产生,还要满足防火要求。

(1) 构件防火处理必须严格按照设计要求保证接缝的宽度。

(2) 构造缝隙封堵保温材料的边缘须使用 A 级防火保温材料,并按设计要求密封。

(3) 封堵材料在构造缝隙中的塞填深度要达到图纸设计要求。

(4) 构造缝隙边缘要用符合设计要求的弹性嵌缝材料封堵。

#### 2. 预制外墙板防火构造部位及封堵方式

预制外墙板防火构造的部位主要是有防火要求的板与板之间缝隙、层间缝隙和板柱之间缝隙。

接缝防火构造应在接缝处塞填防火材料，其长度与耐火极限的要求与缝隙宽度有关，施工时要根据设计要求塞填。

1）板与板之间缝隙防火构造及封堵方式

板与板之间缝隙是指两块预制墙板之间的缝隙，该缝隙防火构造及封堵方式参见图 4-49。

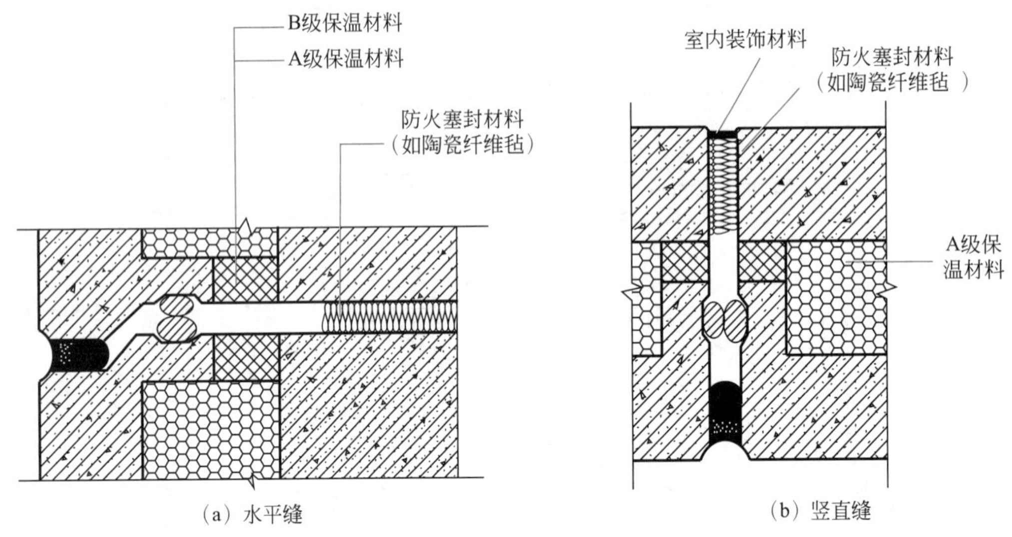


图 4-49 预制墙板缝防火封堵方式示意图

2）层间缝隙防火构造及封堵方式

层间缝隙是指预制墙板与楼板或梁之间的缝隙，该缝隙防火构造及封堵方式参见图 4-50。

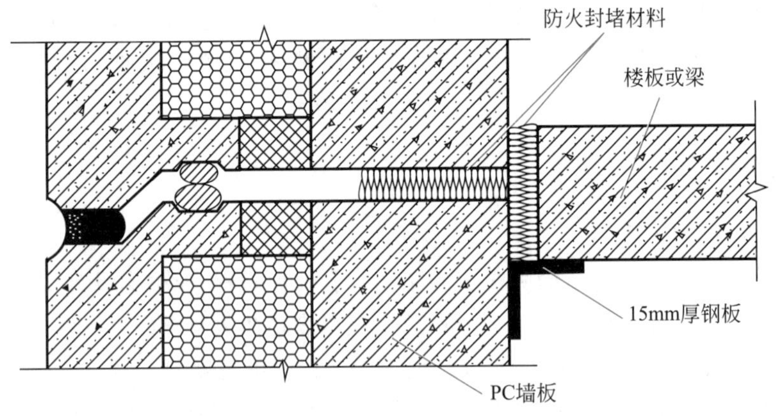


图 4-50 层间缝隙防火封堵方式示意图

3）板柱（或内墙）缝隙防火构造及封堵方式

板柱（或内墙）缝隙是指预制墙板与柱（或内墙）之间的缝隙，该缝隙防火构造及封堵方式参见图 4-51。

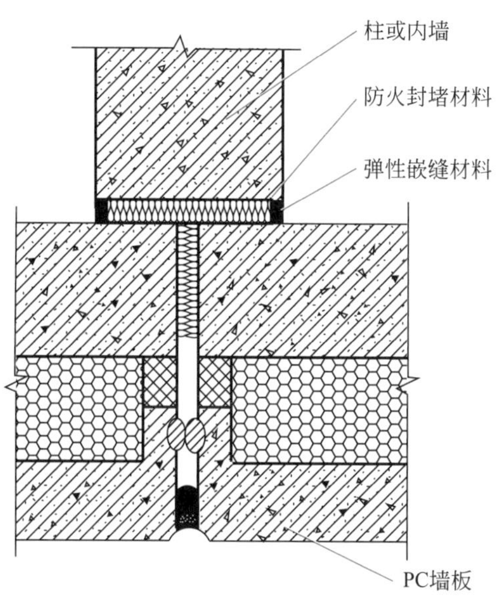


图 4-51　板柱(或内墙)缝隙防火封堵方式示意图

# 4.5　预制构件修补与表面处理

## 4.5.1　预制构件修补

预制构件在现场安装作业过程中,不可避免地会出现轻微破损、掉皮及裂缝等质量问题(图 4-52),经设计、监理等有关人员判定可以修补的,可按照修补方案的要求和方法进行修补,修补后进行检查验收,确认合格方可进行下道工序的施工作业。

图 4-52　预制构件破损、掉角

### 1. 确定修补方案

应根据质量问题的类型及严重程度确定修补方案,对于常见质量问题修补方案的确定,可参考表 4-3。

表 4-3 常见质量问题修补方案的确定

| 问题类型 | 严重程度 | | |
|---|---|---|---|
| | 轻　微 | 一　般 | 严　重 |
| 棱角破损 | 用修补砂浆修补 | 修补砂浆多次修补 | 植筋后用同等级或高一等级的混凝土修补，再进行表面处理 |
| 裂缝 | 表面水泥覆盖 | 针注环氧树脂 | 开 V 形槽，用树脂或微膨胀混凝土修补 |
| 饰面材料损坏 | 修补胶泥调色修补 | 凿除饰面材料重新铺贴 | |

2. 修补前的准备

修补前，应根据确定的修补方案准备所需的修补材料、修补工具，并进行修补现场准备。

1）常用的修补材料

常用的修补材料有环氧树脂、微膨胀水泥、修补砂浆、修补胶泥、色粉、混凝土、普通水泥、白水泥、修补胶水、聚合物水泥砂浆、饰面材料修补胶、界面结合剂等。

2）常用的修补工具

常用的修补工具有钢抹子、切割机、水泥桶、锤子、凿子、砂纸、擦布、注树脂的针筒、橡胶锤、勾缝刀、打磨机、铝合金方管等。

3）修补现场准备

（1）清理待修补的部位，凿除松碎部分混凝土，吹净浮灰。

（2）对修补部位进行湿润、覆盖，有必要的可涂刷界面结合剂。

（3）视施工需要搭设工作台或临时架。

对一般或严重质量问题，可参照下列方法进行修补。

## 4.5.2 棱角破损修补方法

1. 修补料配置

棱角破损的修补料一般有采购专用修补料和自制修补料两种。

自制修补料是根据实际情况配制的不同强度的修补砂浆，通常采用与预制构件混凝土相同的水泥配制砂浆，砂浆配比为水泥：混凝土：修补胶：水＝1：2.5：0.4：0.2（仅供参考），必要时可掺加减水剂及降低水灰比，以确保聚合物砂浆强度等各项性能满足要求。

2. 修补方法

（1）将棱角尖上已松动的混凝土凿去，并用毛刷将灰尘清理干净，于修补前用水湿润表面，待其干后刷上修补胶。

（2）按刮腻子的方法，将修补砂浆用钢抹子压入破损处，随即刮平直至满足外观要求。在棱角用靠尺将棱角取直，确保外观一致，见图 4-53。

（3）表面凝结后用细砂纸打磨平整，边角线条应平直。

（4）如缺角的厚度超过 40mm 时，要在缺角截面上植入钢筋或打入胀栓，并分两次填补平整，再进行表面处理使表面满足要求。

图 4-53 棱角边线用靠尺取直修补

### 4.5.3 裂缝的修补方法

对于预制构件表面轻微的浅表裂缝，可采用表面抹水泥浆或涂环氧树脂的表面封闭法处理。对于缝宽不小于 0.3mm 的贯穿或非贯穿裂缝，可参考下面的方法进行修补。

(1) 修补前，应对裂缝处混凝土表面进行预处理，除去基层表面上的浮灰、水泥浮浆、返碱、油渍和污垢等污染附着物，并用水冲洗干净；对于表面上的凸起、疙瘩、起壳以及分层等疏松部位，应将其铲除，并用水冲洗干净，等待至表面干透。

(2) 深度未及钢筋的局部裂缝，可向裂缝注入水泥净浆或环氧树脂，嵌实后覆盖养护；如裂缝较多，清洗裂缝待干燥后涂刷两遍环氧树脂进行表面封闭。

(3) 对于缝宽大于 0.3mm 的较深或贯穿裂缝，可采用环氧树脂注浆后表面再加刷建筑胶黏剂进行封闭；或者采用开 V 形槽的修补方法，具体步骤如下。

① 将裂缝部位凿出 V 形槽，深及裂缝最底部，并清理干净，见图 4-54。

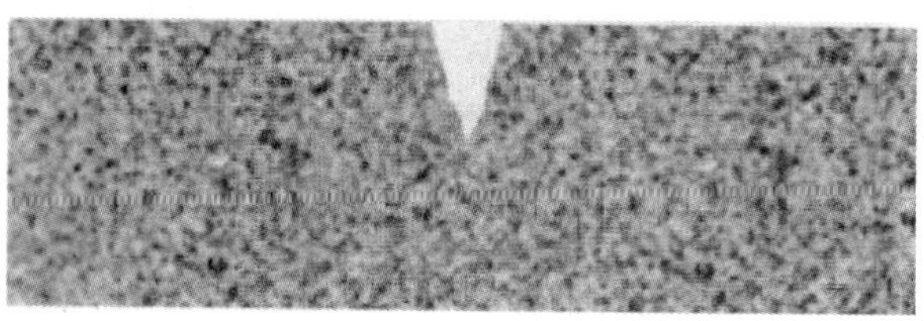

图 4-54 开 V 形槽

② 按环氧树脂∶聚硫橡胶∶水泥∶砂＝10∶3∶12.5∶28 的比例配制修补砂浆(仅供参考)，必要时可用适量丙酮调节砂浆的稠度。

③ 修补部位表面刷界面结合剂或修补黏结胶后将修补砂浆填入 V 形缝中，压实。

④ 对修补部位覆盖养护，完全初凝后可洒水湿润养护。

⑤ 待修补部位强度达到 5MPa 或以上时，再进行表面修饰处理。

### 4.5.4 清水混凝土、装饰混凝土预制构件的表面修补方法

修补用砂浆应与预制构件颜色严格一致，修补砂浆终凝后，应当采用 10#砂纸或抛光机进行打磨，保证修补痕迹在 2m 远处用肉眼无法分辨。

### 4.5.5 有饰面材的预制构件的修补方法

有饰面材的预制构件表面如果出现破损，修补就会比较困难，而且不容易达到原来的效果。因此，最好的办法就是加强成品保护。万一出现破损，可以按下列方法进行修补。

1. 石材修补

可以按照表 4-4 的方法进行修补。

表 4-4 石材的修补方法

| 破损形式 | 修补方法 |
|---|---|
| 石材掉角 | 发生石材掉角时，需与业主、监理等协商之后再决定处置方案<br>修补方法应遵照下列要点：黏结剂（环氧树脂系）：硬化剂＝100：1（并按修补部位的颜色适量加入色粉）；以上填充材料搅拌均匀后涂入石材的损伤部位，硬化后用刀片切修 |
| 石材开裂 | 石材的开裂原则上要重新更换，但实施前应与业主、监理等协商并得到认可后方可执行 |

2. 瓷砖更换及修补

（1）瓷砖更换的标准。当瓷砖达到表 4-5 规定时要进行瓷砖的更换。

表 4-5 需要更换的瓷砖的标准

| 破损形式 | 更换标准 |
|---|---|
| 弯曲 | 大于 2mm |
| 下沉 | 大于 1mm |
| 缺角 | 大于 5mm×5mm |
| 裂纹 | 对于出现裂纹的瓷砖，要和业主、监理等协商确定后再施工 |

（2）瓷砖的更换方法（瓷砖换贴处应在记录图纸上进行标记）如下。

① 将更换瓷砖周围切开，并清洁破断面，用钢丝刷刷掉碎屑，再仔细清洗。用刀把瓷砖缝中的多余部分去掉，尽量不要出现凹凸不平的情况。

② 在破断面上使用速效胶黏剂粘贴瓷砖，更换的瓷砖要在其背面及断面两面抹填速效胶黏剂，涂层厚不宜超过 5mm，施工时要防止出现空隙。

③ 速效胶黏剂硬化后，分格缝部位用砂浆勾缝。缝的颜色及深度要和原缝隙部位吻合。

（3）掉角瓷砖的修补。对于不大于 5mm×5mm 的掉角瓷砖，在业主、监理同意修补的前提下，可用环氧树脂修补剂及指定涂料进行修补。

### 4.5.6 修补后的养护

修补后的养护对修补质量至关重要。预制构件修补后须根据实际情况采用不同的方式对修补部位进行养护，条件允许时应覆盖湿润的土工布养护至与原混凝土颜色基本一致，条件不允许时可采用常规的覆盖保湿养护，以下方法可供参考。

（1）表面喷涂养护剂。

(2) 淋湿预制构件后用塑料薄膜贴面，以减少水分蒸发。

(3) 对于立面位置，可以用塑料薄膜将用水浸泡后的海绵粘贴在修补部位以保湿养护。

预制构件修补完成后，应对修补质量进行验收。

(1) 修补部位的强度必须达到预制构件的设计强度。

(2) 修补部位结合面应结合牢固，无渗漏，表面无开裂等现象。

(3) 修补部位表面要求应与原混凝土一致，与原混凝土无明显色差。

(4) 修补部位边线应平直，修补面与原混凝土面无明显高差。

### 4.5.7　预制构件表面处理

现场存放和吊装过程中成品保护不善，导致预制构件表面污染、预制构件与预制构件之间的色差过大，或者需要实现某些功能等，就需要对预制构件进行表面处理。

预制构件安装好后，表面处理可在“吊篮”上作业，应自上而下进行。

1. 清水混凝土预制构件的表面处理

1) 清水混凝土预制构件表面清污作业

(1) 擦去浮灰。

(2) 有油污的地方采用清水或5%的磷酸溶液进行清洗。

(3) 用干抹布将清洗部位表面擦干，观察清洗效果。

(4) 进行表面处理作业时防止清洗用水，特别是磷酸溶液流淌污染到建筑表面。

2) 清水混凝土预制构件涂刷保护剂

如果需要，可以在清水混凝土预制构件表面涂刷混凝土保护剂，见图4-55。保护剂的涂刷是为了增加自洁性，减少污染。保护剂要选择效果好的产品，保修期尽量长一些。保护剂涂刷要均匀，使保护剂能渗透到被保护混凝土的表面。

图4-55　清水混凝土预制构件保护剂涂刷前后的效果

(1) 保护剂选用：清水混凝土预制构件的混凝土保护剂通常选用水性氟碳着色透明涂料，水性氟碳着色透明涂料涂膜层透气性好，材料稳定性、耐久性好。其中底层漆采用硅基系，主要作用为封闭混凝土气孔，抗返碱；面层漆采用水性氟碳着色，具有良好的透气性，主要起耐久、憎水、防污的作用。

(2) 保护剂施工工艺流程：基层清理→颜色调整→底层漆滚涂→面漆滚涂→成品保护。

(3) 涂刷保护剂的关键工序施工工艺见表 4-6。

表 4-6 清水混凝土预制构件涂刷保护剂的关键工序施工工艺

| 工作内容 | 材料/工具 | 施工/涂装方法 | 次数 | 时间间隔 |
|---|---|---|---|---|
| 基层清理 | 160#～240#砂纸，洁净的无纺布、刮刀、切割机等 | 去除附在混凝土表面的物质(浮土、未固化的水泥、水泥流淌的印痕等)，凸出的钢筋及所有残留在墙体上的金属物件 | 1～2 | |
| 除去墙面的残留物 | 稀释剂、砂纸 | 用稀释剂除去油污，使之分解并挥发，必要时可用砂纸打磨消除 | 1 | |
| 清洗墙面 | 水枪、抹布、酸性洗涤剂(草酸除锈，氨基酸去除模板斑痕，但必须经过稀释)，中性洗涤剂 | 先用中性洗涤剂清洗，必要时用高压水冲洗。在修补、清理后倒上涂料前，把容易脏的地方用塑料布盖起保护 | 1 | |
| 墙面清理，保护 | 砂纸、干布、胶带、塑料布 | 用砂纸磨平，干抹布擦净，必要时用高压水冲洗。在修补、清理后倒上涂料前，把容易脏的地方用塑料布盖起保护 | | |
| 保护/遮盖 | 塑料布、胶带等 | 如施工周期超过 3d，则需对清理完成的墙面进行保护，并对不需要涂刷保护剂的部位进行遮挡(如窗、门、玻璃等) | | |
| 底层涂料 | 专用水性渗透型底层涂料 | 滚子/刷子，全面滚涂覆盖墙面，无遗漏(局部滚子无法滚到的部位采用刷子涂刷或者喷枪喷涂) | 1 | 30min |
| 面层涂料 | 专用水性透气型底层涂料 | | 1 | 3h 以上 |
| 清洁现场成品保护 | | 清理现场，使其整洁、干净，并指派专人进行成品保护 | | |

### 2. 装饰混凝土预制构件的表面处理

(1) 用清水冲洗预制构件表面。

(2) 用刷子均匀地将稀释的盐酸溶液(浓度低于 5%)涂刷到预制构件表面。

(3) 涂刷 10min 后，用清水把盐酸溶液擦洗干净。

(4) 如果需要，干燥以后，可以涂刷防护剂。

(5) 进行表面处理作业时防止清洗用水，特别是盐酸溶液流淌污染下层或旁边的墙面。

### 3. 饰面材预制构件的表面处理

饰面材预制构件包括石材反打预制构件、装饰面砖反打预制构件等。饰面材预制构件表面清洁通常使用清水清洗，清水无法清洗干净的情况下，再用低浓度磷酸清洗。清洗时应防止对建筑物墙面造成污染。

# 4.6 装配式混凝土预制构件安装流程典型工程案例

## 4.6.1 项目基本信息

江心洲 No.2015G06 地块工程的 A、B 两个地块。

## 4.6.2 预制柱吊装

清理安装基础面→预制柱四周外侧封堵条安放→构件底部设置调整标高垫片→吊装安放→安装斜向支撑固定→构件调整对齐→连接点钢筋绑扎、管线敷设→接缝周围封堵→灌浆→现浇连接点模板支设→现浇连接点混凝土浇筑→拆除装配支撑，如图 4-56～图 4-61 所示。

图 4-56　清理安装基础面

图 4-57　调整标高垫片

图 4-58　吊装安放

图 4-59　安装斜向支撑固定

图 4-60　构件调整对齐

图 4-61　灌浆

### 4.6.3 预制剪力墙吊装

清理安装基础面→墙侧砂浆封堵→构件底部设置调整标高垫片→构件吊装安放→安装斜向支撑固定→构件调整对齐→连接点钢筋绑扎、管线敷设→接缝周围封堵→灌浆→现浇连接点模板支设→现浇连接点混凝土浇筑→拆除装配支撑，如图 4-62～图 4-67 所示。

图 4-62 清理安装基础面

图 4-63 构件底部设置调整标高垫片

图 4-64 构件吊装安放

图 4-65 安装斜向支撑固定

图 4-66 构件调整对齐

图 4-67 灌浆

### 4.6.4　预制剪力墙吊装灌浆施工——封缝

对构件接缝的外沿应进行封堵；根据构件特性可选择专用封缝料封堵、密封条（必要时在密封条外部设角钢或木板支撑保护）或两者结合封堵；一定要保证封堵严密、牢固可靠，否则压力灌浆时一旦漏浆很难处理。图 4-68 为封缝现场图。

图 4-68　封缝现场图

### 4.6.5　灌浆施工——灌浆施工工具清单

准备灌浆料（打开包装袋检查灌浆料有无受潮结块或其他异常）和清洁水；准备施工器具：①测温仪；②电子秤和刻度量杯；③不锈钢制浆桶、水桶；④手提变速搅拌机；⑤灌浆枪或灌浆泵；⑥流动度检测仪；⑦截锥试模；⑧玻璃板（500mm×500mm）；⑨钢板尺（或卷尺）；⑩强度检测三联模 3 组。采用灌浆泵时应有停电应急措施。图 4-69 为灌浆施工工具。

图 4-69　灌浆施工工具

### 4.6.6 灌浆施工——拌制灌浆料

灌浆应使用灌浆专用设备，严格按照设计规定选用合适的产品，严格按照产品作业指导要求拌制灌浆料，将拌制均匀的拌合物倒入专用设备中，严格控制拌合物的坍落度（扩展度）。拌合物应在拌制出料后 0.5h 内用完。如图 4-70～图 4-72 所示。

图 4-70 灌浆料

图 4-71 控制配比

图 4-72 搅拌

### 4.6.7 灌浆施工——灌浆

在正式灌浆前，逐个检查各接头的灌浆孔和出浆孔内有无影响浆料流动的杂物，确保孔用灌浆泵（枪）从接头下方的灌浆孔处向套筒内压力灌浆。特别注意正常灌浆浆料要在自加水搅拌开始 20～30min 内灌完，以尽量保证一定的操作应急时间。施工流程如图 4-73～图 4-75 所示。

图 4-73 注浆机

图 4-74 注浆

图 4-75 封堵

### 4.6.8 叠合梁吊装

叠合梁吊装流程：架设水平支撑→放置预制叠合梁→水平垂直安装定位复核→对接处钢筋绑扎配筋、附加配筋→敷设上层分布筋→湿润表面→浇筑混凝土→拆除装配支撑。施工流程如图 4-76～图 4-81 所示。

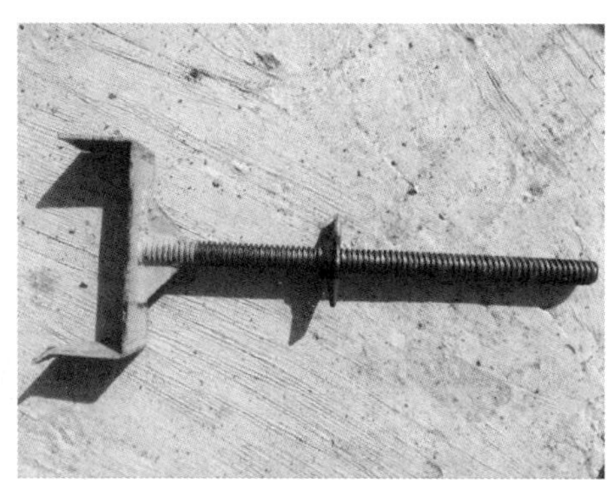

图 4-76　梁底支撑夹具

图 4-77　梁底井字架

图 4-78　叠合梁起吊

图 4-79　叠合梁挂钩

图 4-80　叠合梁安装

图 4-81　对接处配筋

### 4.6.9　叠合板吊装

架设板底支撑架→放置预制叠合板→检查封堵预制构件接缝处→安装管线等预埋件→布设对接处配筋、附加配筋→敷设上层分布筋→湿润表面→浇筑混凝土→拆除装配支撑。施工流程如图 4-82～图 4-85 所示。

图 4-82　架设板底支撑架

图 4-83　起吊预制叠合板

图 4-84　安放预制叠合板

图 4-85　安装管线板面钢筋

## 学习笔记

# 第5章 装配式混凝土预制构件安装质量验收

## 5.1 工程验收依据

装配式混凝土结构是以混凝土预制构件为主要受力构件，经装配和连接而成的混凝土结构。装配式混凝土结构包括全装配式混凝土结构和部分装配式混凝土结构等。

目前，装配式混凝土构件生产、现场施工及工程验收已有了相应的标准规范作为依据，各省市也根据当地的实际情况制定了相应的标准规范，装配式建筑质量管理将会逐步得到完善和提升。

## 5.2 工程验收项目

装配式混凝土预制构件安装项目验收按工程项目划分为：单位（子单位）工程、分部（子分部）工程和分项工程。

工程项目验收划分为4大部分：预制构件质量验收、预制构件吊装质量验收、现浇混凝土质量验收、装配式混凝土工程验收。

施工单位应建立、健全可靠的技术质量保证体系。配备相应的质量管理人员，认真贯彻落实各项质量管理制度、法规和相关规范。装配式混凝土预制构件安装项目人员构成如图5-1所示。

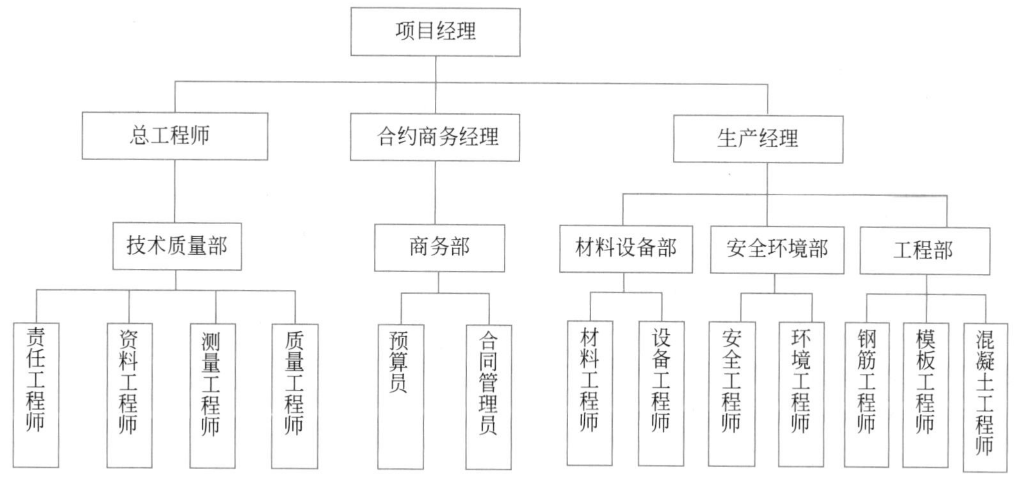


图5-1 装配式混凝土预制构件安装项目人员构成

建设单位和监理单位应制定严格的质量监督管理措施，定期组织召开监理例会，协调工作安排，审核工程进度，并对工程存在的质量和安全隐患进行通报，督促施工单位进行整改。

### 5.2.1 预制构件质量验收

生产单位必须具备保证产品质量要求的生产工艺设施、试验检测条件，建立完善的质量管理体系和制度，并建立质量可追溯的信息化管理系统。预制构件厂质量管理应由厂长、技术负责人、品管员、线长等组成。

预制构件生产宜建立首件验收制度。首件验收制度是指结构较复杂的预制构件或新型构件首次生产或间隔较长时间重新生产时，生产单位需会同建设单位、设计单位、施工单位、监理单位共同进行首件验收，重点检查模具、构件、预埋件、混凝土浇筑成型中存在的问题，确认该批预制构件生产工艺合理，质量能得到保障，共同验收合格之后方可批量生产。

预制构件生产的质量检验应按模具、钢筋、混凝土、预应力、预制构件等检验进行。检验时对新制或改制后的模具应按件检验，对重复使用的定型模具、钢筋半成品和成品应分批随机抽样检验，对混凝土性能应按批检验。模具、钢筋、混凝土、预制构件制作、预应力施工等质量，均应在生产班组自检、互检和交接检的基础上，由专职品管员(质检员)进行检验。

预制构件和部品生产中采用新技术、新工艺、新材料、新设备时，生产单位应制订专门的生产方案；必要时进行样品试制，经检验合格后方可实施。生产单位若使用新技术、新工艺、新材料，可能影响到产品的质量时，必要时应试制样品，并经建设、设计、施工和监理单位核准后方可实施。

预制构件和部品经检查合格后，宜设置表面标识。预制构件和部品出厂时，应出具质量证明文件。目前，有些地方的预制构件生产实行了监理驻厂监造制度，应根据各地方技术发展水平细化预制构件生产全过程监测制度，驻厂监理应在出厂质量证明文件上签字。

#### 1. 预制构件生产和进场验收

预制构件生产企业应配备满足工作需求的质检员，质检员应具备相应的工作能力和建设主管部门颁发的上岗资格证书。预制构件在工厂制作过程中，应进行生产过程质量检查、抽样检验和构件质量验收，并按要求做好检查验收的记录。预制构件质量主控项目需为全部合格，一般项目需经检验合格，且不应有严重缺陷，构件生产厂家对合格产品签发质量证明书。

预制构件的生产过程检查、抽样检验和构件质量验收均符合规程规定时，构件质量评定为合格；有一项不符合规程规定时，构件质量评定为不合格。检查、检验和验收记录应妥善存档保管。

预制构件的生产过程检查、检验合格，产品外观质量和尺寸偏差不符合要求，且不影响结构性能、安装和使用时，允许进行修补处理。修补后应重新进行成品验收，验收合格后，应将修补方案和验收记录妥善存档保管。

预制构件生产过程检查，应对模具组装、钢筋及网片安装、预留及预埋件布置、混凝土浇筑、成品外观及尺寸偏差等分项进行检查，主要包括以下内容。

(1) 混凝土浇筑前模具组装应符合表 5-1 规定。

检查数量：全数检查。

检查方法：钢尺、靠尺、调平尺等仪器进行检查。

表 5-1　模具组装检查表

| 检查项目 | | 设计值 | 允许偏差/mm | 实测值 | 判定(合,否) |
|---|---|---|---|---|---|
| 边长 | | | ±2 | | |
| 对角线误差 | | | 3 | | |
| 底模平整度 | | | 2 | | |
| 侧板高差 | | | 2 | | |
| 表面凸凹 | | | 2 | | |
| 扭曲 | | | 2 | | |
| 翘曲 | | | 2 | | |
| 弯曲 | | | 2 | | |
| 侧向扭曲 | $H\leqslant300$ | | 1.0 | | |
| | $H>300$ | | 2.0 | | |
| 外观 | | 凹凸、破损、弯曲、生锈 | | | |

(2) 混凝土浇筑前模具组装尺寸精度直接影响构件成品的尺寸偏差,生产预制构件之前应重点检查模具的尺寸是否符合表 5-2 要求。

表 5-2　模具检查表

| 检查项目 | | 允许偏差/mm | 设计值 | 实测值 | 判定(合,否) |
|---|---|---|---|---|---|
| 长度 | | 0,−4 | | | |
| 宽度 | | 0,−4 | | | |
| 厚度 | | 0,−2 | | | |
| 构件对角线差 | | 5 | | | |
| 侧向弯曲 | | $L/1500$,且≤3 | | | |
| 端向弯曲 | | $L/1500$ | | | |
| 底模板表面平整度 | | 2 | | | |
| 拼装缝隙 | | 1 | | | |
| 预埋件、插筋、安装孔、预留孔中心线位移 | | <5 | | | |
| 端模与侧模高低差 | | 1 | | | |
| 窗框口 | 厚度 | 0,−2 | | | |
| | 长度、宽度 | 0,−4 | | | |
| | 中心线位移 | 3 | | | |
| | 垂直度 | 3 | | | |
| | 对角线差 | 3 | | | |

(3) 预制构件采用的钢筋的规格、型号、力学性能和钢筋的加工、连接、安装等应符合现行国家标准《混凝土结构工程施工质量验收规范》(GB 50204—2015)的规定。

(4) 预制构件采用的钢筋及预应力钢筋的验收应按照《混凝土结构工程施工质量验收规范》(GB 50204—2015)的规定进行检查验收。

(5) 预制构件的钢筋骨架及网片的安装位置、间距、保护层厚度、允许偏差符合表 5-3 的规定。

检查数量:全数检查。

检查方法:对照构件设计制作图进行观察、测量。

表 5-3 混凝土浇筑前钢筋检查表

| 检查项目 | | 允许偏差/mm | 实测值 | 判定(合,否) |
|---|---|---|---|---|
| 绑扎钢筋网 | 长、宽 | ±10 | | |
| | 网眼尺寸 | ±20 | | |
| 绑扎钢筋骨架 | 长 | ±10 | | |
| | 宽、高 | ±5 | | |
| | 钢筋间距 | ±10 | | |
| 受力钢筋 | 位置 | ±5 | | |
| | 排距 | ±5 | | |
| | 保护层 | 满足设计要求 | | |
| 绑扎钢筋、横向钢筋间距 | | ±20 | | |
| 箍筋间距 | | ±20 | | |
| 钢筋弯起点位置 | | ±20 | | |

(6) 预制构件的连接套筒、预埋件、拉结件和预留孔洞的规格、数量和性能指标、安装位置应符合设计要求,安装或预留位置偏差应满足表 5-4 的规定。

检查数量:全数检查。

检查方法:对照构件设计制作图进行观察、测量。

表 5-4 混凝土浇筑前其他部件检查表

| 检查项目 | | 允许偏差/mm | 设计值 | 实测值 | 判定(合,否) |
|---|---|---|---|---|---|
| 钢筋连接套筒 | 中心线位置 | ±3 | | | |
| | 安装垂直度 | 1/40 | | | |
| | 套筒内部、注入、排出口的堵塞 | | | | |
| 外装饰敷设 | 图案、分割、色彩、尺寸 | | | | |
| 预埋件(插筋、螺栓、吊具等) | 中心线位置 | ±5 | | | |
| | 外露长度 | +5~0 | | | |
| | 安装垂直度 | 1/40 | | | |
| 拉结件 | 中心线位置 | ±3 | | | |
| | 安装垂直度 | 1/40 | | | |

续表

| 检查项目 | | 允许偏差/mm | 设计值 | 实测值 | 判定(合,否) |
|---|---|---|---|---|---|
| 预留孔洞 | 中心线位置/mm | ±5 | | | |
| | 尺寸/mm | +8,0 | | | |
| 线盒位置偏差/mm | | ±3 | | | |
| 锚固筋 | 长度/mm | 10,−5 | | | |
| | 间距偏差/mm | ±10 | | | |
| 埋弧压力焊接头 | 相对钢板的直角偏差/(°) | ≤4 | | | |
| | 咬边深度/mm | ≤0.5 | | | |
| | 与钳口接触处的表面烧伤 | 不明显 | | | |
| | 钢板焊穿、凹陷 | 不应有 | | | |
| 焊弧焊缝 | 裂纹 | 不应有 | | | |
| | 大于1.5mm的气孔(或夹渣)/个 | <3 | | | |
| | 贴脚焊缝焊脚高、宽/mm | ≥0.5$d$(Ⅰ级钢)<br>≥0.6$d$(Ⅱ级钢) | | | |
| 其他需要先安装的部件 | 安装状况 | | | | |

注:$d$为钢筋直径。

(7) 夹芯外墙板采用保温材料、拉结件等产品规格、型号、数量、安装位置应符合设计要求。

检查数量:全数检查。

检查方法:对照构件设计制作图进行观察、测量。

(8) 混凝土的配合比、性能指标、浇筑质量等应符合现行国家标准《混凝土结构工程施工质量验收规范》(GB 50204—2015)的规定。

(9) 预制构件浇筑、养护、脱模之后外观质量应符合本规程表5.5的规定。

检查数量:全数检查。

检查方法:对照构件设计制作图进行观察。

表5-5 预制构件外装饰外观检查表

| 检查项目 | | 允许偏差/mm | 实测值 | 判定(合,否) |
|---|---|---|---|---|
| 通用 | 表面平整度 | 2 | | |
| 石材和面砖 | 阳角方正 | 2 | | |
| | 上口平直 | 2 | | |
| | 接缝平直 | 3 | | |
| | 接缝深度 | ±5 | | |
| | 接缝宽度 | ±2 | | |

注:当采用计数检验时,除有专门要求外,合格点率应达到80%及以上,且不得有严重缺陷,可以评定为合格。

(10) 预制构件外观质量缺陷可分为一般缺陷和严重缺陷两类。预制构件的严重缺陷主要是指影响构件的结构性能或安装使用功能的缺陷，构件制作时应制定技术质量保证措施予以避免。

(11) 预制构件外形尺寸允许偏差及检验方法应符合规定。

检查数量：全数检查。

检查方法：对照构件设计制作图进行观察、测量。

(12) 预制构件外装饰外观应符合现行国家标准《建筑装饰装修工程质量验收标准》(GB 50210—2018)的规定。

检查数量：全数检查。

检查方法：对照构件设计制作图进行观察、测量。

(13) 门窗框预埋除应符合现行国家标准《建筑装饰装修工程质量验收标准》(GB 50210—2018)的规定外，安装位置允许偏差尚应符合表5-6的规定。

检查数量：全数检查。

检查方法：对照构件设计制作图进行观察、测量。

表5-6 门窗框安装检查表

| 检查项目 | 允许偏差/mm | 实测值 | 判定(合，否) |
| --- | --- | --- | --- |
| 门窗框定位 | ±1.5 | | |
| 门窗框对角线 | ±1.5 | | |
| 门窗框水平度 | ±1.5 | | |

注：当采用计数检验时，除有专门要求外，合格点率应达到80%及以上，且不得有严重缺陷，可以评定为合格。

预制构件抽样检验主要包括以下内容。

(1) 预制构件在工厂生产过程中，应对钢筋、混凝土、保温材料、拉结件等主要原材料进行抽样检验，必要时，应对预制构件结构性能进行抽样检验。

(2) 钢筋进厂后，应按国家现行相关标准的规定，抽取试样对力学性能和重量偏差进行进厂复验，检验结果符合有关标准的规定。

检查数量：对相同厂家、相同牌号、相同规格的钢筋，进厂数量60t为相同检验批次，大于60t时，应划分为若干个检验批次；小于60t时，应作为一个检验批。每批抽取5个试样，先进行重量偏差检验，再取其中2个试样进行力学性能检验。

检查方法：检查产品合格证、出厂检验报告和进厂复验报告。

(3) 本条的检验方法中，产品合格证、出厂检验报告是对产品质量的证明资料，应列出产品的主要性能指标；当用户有特别要求时，还应列出某些专门检验数据。进厂复验报告是进场抽样检验的结果，并作为材料能否在生产中应用的判断依据。

对于每批钢筋的检验数量，应按现行国家标准《钢筋混凝土用钢　第1部分：热轧光圆钢筋》(GB 1499.1—2017)和《钢筋混凝土用钢　第2部分：热轧带肋钢筋》(GB 1499.2—2018)中规定执行。

(4) 成型钢筋进厂时，应检验成型钢筋的屈服强度、抗拉强度、伸长率和质量偏差，应符合现行国家相关标准的规定。

检查数量：对同一工程、同一原料来源、同一组设备生产的成型钢筋，检验批量不宜大于 30t。

检查方法：检查成型钢筋的质量证明文件、所用材料的质量证明文件及进厂复检报告。

(5) 预应力钢筋进厂时，应按现行国家相关标准的规定抽取试件作力学性能检验，其质量应符合行国家相关标准的规定。

检查数量：按进厂的批次和产品的抽样检验方案确定。

检查方法：检查产品合格证、出厂检验报告和进厂复验报告。

(6) 预制构件的混凝土强度应符合设计要求，且按现行国家标准《混凝土强度检验评定标准》(GB/T 50107—2010)的规定分批检验评定，试样应在工厂的浇筑地点随机抽取。

(7) 预制构件一个检验批的混凝土应由强度等级相同、试验龄期相同、生产工艺和配合比基本相同的混凝土组成，试件的取样频率和数量应符合下列规定：

① 每 100 盘，但不超过 $100m^3$ 的同配合比混凝土，取样次数不应少于一次；

② 每一工作班拌制的同配合比混凝土，不足 100 盘和 $100m^3$ 时其取样次数不应少于一次；

③ 当一次连续浇筑的同配合比混凝土超过 $1000m^3$ 时，每 $200m^3$ 取样不应少于一次；

④ 每次取样应至少留置一组标准养护试件，同条件养护试件的留置组数应根据实际需要确定。

(8) 当混凝土试件强度评定不合格时，可采用非破损或局部破损的检测方法，按国家现行有关标准的规定对预制构件的混凝土强度进行推定，并作为处理的依据。

(9) 当混凝土试件强度评定不合格时，可根据现行国家标准《建筑结构检测技术标准》(GB/T 50344—2019)、《混凝土强度检验评定标准》(GB/T 50107—2010)、《回弹法检测混凝土抗压强度技术规程》(JGJ/T 23—2011)等国家现行有关标准采用回弹法、超声回弹综合法、钻芯法、后装拔出法等推定结构的混凝土强度。通过检测得到的推定强度可作为判定是否需处理的依据。

(10) 保温材料进厂后应对表观密度、导热系数、压缩强度等进行抽样复检，检验结果应符合国家有关标准的规定。

检查数量：按进厂批次，每批随机抽取 3 个试样进行检查。

检查方法：分别按照《泡沫塑料及橡胶　表观密度的测定》(GB/T 6343—2009)、《绝热材料稳态热阻及有关特性的测定　防护热板法》(GB/T 10294—2008)、《硬质泡沫塑料　压缩性能的测定》(GB/T 8813—2020)标准的相关要求进行检验。

(11) 夹芯外墙板拉结件进厂后应对拉伸强度、拉伸弹性模量、弯曲强度、弯曲弹性模量、剪切强度等进行抽样复检，检验结果应符合现行国家有关标准规定。

检查数量：按进厂批次，每批随机抽取 3 个试样进行检查。

检查方法：按照规定方法进行检验。

(12) 钢筋连接套筒进厂后应对抗拉强度、延伸率、屈服强度(钢材类)等性能指标进行抽样复检，检验结果应符合现行国家有关标准规定。

检查数量：按进厂批次，每批随机抽取 3 个试样进行检查。

检查方法：按照规定方法进行检验。

(13) 灌浆套筒进厂后，抽取套筒采用与之匹配的灌浆料制作对中连接接头进行抗拉强度检验，检验结果应符合现行国家行业标准《钢筋机械连接技术规程》(JGJ 107—2016)的规定。

检查数量：同一原材料、同一炉(批)号、同一类型、同一规格的灌浆套筒，检验批量不应大于1000个，每批随机抽取3个灌浆套筒制作对中连接接头。同时至少制作1组灌浆料强度试件。

检查方法：按照《钢筋机械连接技术规程》(JGJ 107—2016)的规定检验。

(14) 预制构件采用面砖饰面外装饰材料时，应按现行国家行业标准《建筑工程饰面砖粘结强度检验标准》(JGJ/T 110—2017)的规定做拉拔试验，检验结果应符合现行国家相关标准的规定。

(15) 当预制构件生产过程质量检查和主要原材料抽样检验合格，符合本规程规定时，预制构件结构性能可不做检验，当不符合规定或有特殊要求时，应按现行国家标准《混凝土结构工程施工质量验收规范》(GB 50204—2015)的规定进行预制构件结构性能检验，检验结果应符合现行国家相关标准的规定。预制构件结构性能检验不合格的不得出厂和使用。

### 2. 预制构件质量验收

在混凝土浇筑之前，应进行预制构件的隐蔽工程验收，符合相关规程规定和设计要求。其检查项目包括下列内容：

(1) 钢筋的牌号、规格、数量、位置、间距等；

(2) 纵向受力钢筋的连接方式、接头位置、接头质量、接头面积百分率、搭接长度等；

(3) 箍筋、横向钢筋的牌号、规格、数量、位置、间距，箍筋弯钩的弯折角度及平直段长度；

(4) 预埋件、吊环、插筋的规格、数量、位置等；

(5) 灌浆套筒、预留孔洞的规格、数量、位置等；

(6) 钢筋的混凝土保护层厚度；

(7) 夹芯外墙板的保温层位置、厚度，拉结件的规格、数量、位置等；

(8) 预埋管线、线盒的规格、数量、位置及固定措施。

在混凝土浇筑之前，应按要求对预制构件的钢筋、预应力筋及各种预埋部件进行隐蔽工程检查验收，验收记录是证明满足结构性能的关键质量控制证据，必要时，可留存预制构件生产过程中的照片或影像记录资料，以便日后查证。

预制构件出厂前进行成品质量验收，其检查项目包括下列内容：

(1) 预制构件的外观质量；

(2) 预制构件的外形尺寸；

(3) 预制构件的钢筋、连接套筒、预埋件、预留空洞等；

(4) 预制构件出厂前构件的外装饰和门窗框。

预制构件出厂前进行的外观质量、尺寸偏差应符合规定和设计要求。

预制构件成品质量验收中质量要求主要为外观质量要求、尺寸允许偏差要求等，适用所有预制构件。

预制构件验收合格后应在明显部位标识构件型号、生产日期和质量验收合格标志。

预制构件出厂交付时，应向使用方提供以下验收材料：

(1) 隐蔽工程质量验收表；

(2) 成品构件质量验收表；

(3) 钢筋进厂复验报告；

(4) 混凝土留样检验报告；

(5) 保温材料、拉结件、套筒等主要材料进厂复验检验报告；

(6) 产品合格证；

(7) 其他相关的质量证明文件等资料。

预制构件验收合格交付使用时，应提供主要文件和记录，保证预制构件质量实现可追溯性的基本要求，主要包括以下内容。

(1) 专业企业生产的预制构件，进场时应检查质量证明文件。

(2) 梁板类简支受弯预制构件进场时应进行结构性能检验，并应符合下列规定：

① 钢筋混凝土构件和允许出现裂缝的预应力混凝土构件应进行承载力、挠度和裂缝宽度检验，不允许出现裂缝的预应力混凝土构件应进行承载力、挠度和抗裂检验。

② 对大型构件及有可靠应用经验的构件，可只进行裂缝宽度、抗裂和挠度检验。对使用数量较少的构件，当能提供可靠依据时，可不进行结构性能检验。

③ 对多个工程共同使用的同类型预制构件，结构性能检验可共同委托，其结果对多个工程共同有效。

(3) 对于不可单独使用的叠合板预制底板，可不进行结构性能检验。对叠合梁构件是否进行结构性能检验应根据设计要求确定。

(4) 预制构件的混凝土外观质量不应有严重缺陷，且不应有影响结构性能和安装、使用功能的尺寸偏差。

(5) 预制构件表面预贴饰面砖、石材等饰面与混凝土的黏结性能应符合设计和国家现行有关标准的规定。

预制构件外观质量缺陷可分为一般缺陷和严重缺陷两类。预制构件外观质量的一般缺陷通过修补后可继续使用；预制构件外观质量的严重缺陷主要是指影响构件的结构性能或安装使用功能的缺陷，构件制作时应制定技术质量保证措施予以避免。

所有构件进场前进行质量验收，合格后方可进行使用。施工中严格执行“三检”制度：每道工序完成后必须经过班组自检、互检、交接检认定合格后，由专业质检员进行复查，并完善相应资料，报请监理工程师检查验收合格后，才能进行下一道工序施工。

套筒灌浆作业前构件安装质量报监理验收，验收合格后方可进行灌浆作业，并且对灌浆作业整个过程进行监督并做好灌浆作业记录。商品混凝土浇筑前先对商品混凝土随车资料进行检查，报请监理验收并签署混凝土浇筑令后方可浇筑。

施工单位和监理单位应对进场构件进行质量检查，质量检查内容应符合下列规定。

(1) 预制构件标识。

检查内容：预埋件、插筋和预留孔洞的规格、位置和数量。

检查数量：全数检查。

检查方法:对照设计图纸进行观察、测量。

(2) 外观质量。外观质量不应有严重缺陷。

检查数量:全数检查。

检查方法:观察,检查处理记录。

(3) 尺寸偏差。不应有影响结构性能和安装、使用功能的尺寸偏差。

检查数量:全数检查。

检查方法:量测,检查处理记录。

(4) 混凝土各阶段强度。脱模强度、起吊强度、预应力放张强度和质量评定强度。

检查数量:每班留置3组立方体抗压强度试件。

检查方法:《混凝土物理力学性能试验方法标准》(GB/T 50081—2019)。

(5) 钢筋套筒灌浆连接接头。

检查数量:每种规格试件数量≥3。

检查方法:第三方检验报告。

(6) 预制构件质量证明文件和出厂标识。

(7) 预制构件外观质量、尺寸偏差。

预制构件外观质量应根据缺陷类型和缺陷程度进行分类,并应符合表5-7的分类规定。

表5-7 预制构件外观质量缺陷

| 名 称 | 现 象 | 严重缺陷 | 一般缺陷 |
| --- | --- | --- | --- |
| 露筋 | 构件内钢筋未被混凝土包裹而外露 | 主筋有露筋 | 其他钢筋有少量露筋 |
| 蜂窝 | 混凝土表面缺少水泥砂浆面形成石子外露 | 主筋部位和搁置点位置有蜂窝 | 其他部位有少量蜂窝 |
| 孔洞 | 混凝土中孔穴深度和长度均超过保护层厚度 | 构件主要受力部位有孔洞 | 不应有孔洞 |
| 夹渣 | 混凝土中夹有杂物且深度超过混凝土的保护层厚度 | 构件主要受力部位有夹渣 | 其他部位有少量夹渣 |
| 疏松 | 混凝土中局部不密实 | 构件主要受力部位有疏松 | 其他部位有少量疏松 |
| 裂缝 | 缝隙从混凝土表面延伸至混凝土内部 | 构件主要受力部位有影响结构性能或使用功能的裂缝 | 其他部位有少量不影响结构性能或使用功能的裂缝 |
| 连接部位缺陷 | 构件连接处混凝土缺陷及连接钢筋、连接件松动、灌浆套筒未保护 | 连接部位有影响结构传力性能的缺陷 | 连接部位有基本不影响结构传力性能的缺陷 |

续表

| 名　称 | 现　　象 | 严重缺陷 | 一般缺陷 |
|---|---|---|---|
| 外形缺陷 | 内表面缺棱掉角、棱角不直、翘曲不平等外表面面砖黏结不牢、位置偏差、面砖嵌缝没有达到横平竖直，转角面砖棱角不直、面砖表面翘曲不平等 | 清水混凝土构件有影响使用功能或装饰效果的外形缺陷 | 其他混凝土构件有不影响使用功能的外形缺陷 |
| 外表缺陷 | 构件内表面麻面、掉皮、起砂、沾污等外表面面砖污染、预埋门窗框破坏 | 具有重要装饰效果的清水混凝土构件、门窗框有外表缺陷 | 其他混凝土构件有不影响使用功能的外表缺陷，门窗框不宜有外表缺陷 |

（8）预制构件外观质量不应有严重缺陷，产生严重缺陷的构件不得使用。产生一般缺陷时，应由预制构件生产单位或施工单位进行修整处理，修整技术处理方案应经监理单位确认后实施，经修整处理后的预制构件应重新检查。

检查数量：全数检查。

检查方法：观察，检查技术处理方案。

（9）预制墙板构件的尺寸允许偏差应符合表5-8的规定。

检查数量：对同类构件，按同日进场数量的5%且不少于5件抽查，少于5件则全数检查。

检查方法：钢尺、拉线、靠尺、塞尺检查。

表5-8　预制墙板构件尺寸允许偏差及检查方法

| 项　　目 | | 允许偏差/mm | 检查方法 |
|---|---|---|---|
| 预制墙板 | 高度 | ±3 | 钢尺检查 |
| | 宽度 | ±3 | 钢尺检查 |
| | 厚度 | ±3 | 钢尺检查 |
| | 对角线差 | 5 | 钢尺量两个对角线 |
| | 弯曲 | $L/1000$ 且≤20 | 拉线、钢尺量最大侧向弯曲处 |
| | 内表面平整 | 4 | 2m靠尺和塞尺检查 |
| | 外表面平整 | 3 | 2m靠尺和塞尺检查 |

注：$L$为构件长边长度。

（10）预制柱、梁构件的尺寸允许偏差应符合表5-9的规定。

检查数量：对同类构件，按同日进场数量的5%且不少于5件抽查，少于5件则全数检查。

检查方法：钢尺、拉线、靠尺、塞尺检查。

表 5-9 预制柱、梁构件尺寸允许偏差及检查方法

| 项目 | | 允许偏差/mm | 检查方法 |
| --- | --- | --- | --- |
| 预制柱 | 长度 | ±5 | 钢尺检查 |
| | 宽度 | ±5 | 钢尺检查 |
| | 弯曲 | $L/750$ 且≤20 | 拉线、钢尺量最大侧向弯曲处 |
| | 表面平整 | 4 | 2m 靠尺和塞尺检查 |
| 预制梁 | 长度 | ±5 | 钢尺检查 |
| | 宽度 | ±5 | 钢尺检查 |
| | 弯曲 | $L/750$ 且≤20 | 拉线、钢尺量最大侧向弯曲处 |
| | 表面平整 | 4 | 2m 靠尺和塞尺检查 |

注：$L$ 为构件长度。

(11) 预制叠合板、阳台板、空调板、楼梯构件的尺寸允许偏差应符合表 5-10 的规定。

检查数量：对同类构件，按同日进场数量的 5%且不少于 5 件抽查，少于 5 件则全数检查。

检查方法：钢尺、拉线、靠尺、塞尺检查。

表 5-10 预制叠合板、阳台板、空调板、楼梯构件的尺寸偏差及检查方法

| 项目 | | 允许偏差/mm | 检查方法 |
| --- | --- | --- | --- |
| 叠合板、阳台板、空调板、楼梯 | 长度 | ±5 | 钢尺检查 |
| | 宽度 | ±5 | 钢尺检查 |
| | 厚度 | ±3 | 钢尺检查 |
| | 弯曲 | $L/750$ 且≤20 | 拉线、钢尺量最大侧向弯曲处 |
| | 表面平整 | 4 | 2m 靠尺和塞尺检查 |

注：$L$ 为构件长度。

(12) 预埋件和预留孔洞的尺寸允许偏差应符合表 5-11 的规定。

检查数量：根据规定抽查的构件进行全数检查。

检查方法：钢尺、靠尺、塞尺检查。

表 5-11 预埋件和预留孔洞的允许偏差及检查方法

| 项目 | | 允许偏差/mm | 检查方法 |
| --- | --- | --- | --- |
| 预埋钢板 | 中心线位置 | 5 | 钢尺检查 |
| | 安装平整度 | 2 | 靠尺和塞尺检查 |
| 预埋管、预留孔 | 中心线位置 | 5 | 钢尺检查 |
| 预埋吊环 | 中心线位置 | 10 | 钢尺检查 |
| | 外露长度 | +8,0 | 钢尺检查 |
| 预留洞 | 中心线位置 | 5 | 钢尺检查 |
| | 尺寸 | ±3 | 钢尺检查 |
| 预埋螺栓 | 螺栓位置 | 5 | 钢尺检查 |
| | 螺栓外露长度 | ±5 | 钢尺检查 |

(13) 预制构件预留钢筋规格和数量应符合设计要求,预留钢筋位置及尺寸允许偏差应符合表5-12的规定。

检查数量:根据规定抽查的构件进行全数检查。

检查方法:观察、钢尺检查。

表5-12　预制构件预留钢筋位置和尺寸允许偏差及检查方法

| 项　目 | | 允许偏差/mm | 检查方法 |
|---|---|---|---|
| 预留钢筋 | 间距 | ±10 | 钢尺量连续3挡,取最大值 |
| | 排距 | ±5 | 钢尺量连续3挡,取最大值 |
| | 弯起点位置 | 20 | 钢尺检查 |
| | 外露长度 | +8,0 | 钢尺检查 |

(14) 预制构件饰面板(砖)的尺寸允许偏差应符合表5-13的规定。

检查数量:根据规定抽查的构件进行全数检查。

检查方法:钢尺、靠尺、塞尺检查。

表5-13　预制构件饰面板(砖)的尺寸允许偏差及检查方法

| 项　目 | 允许偏差/mm | 检查方法 |
|---|---|---|
| 表面平整度 | 2 | 2m靠尺和塞尺检查 |
| 阳角方正 | 2 | 2m靠尺检查 |
| 上口平直 | 2 | 拉线,钢直尺检查 |
| 接缝平直 | 3 | 钢直尺和塞尺检查 |
| 接缝深度 | 1 | |
| 接缝宽度 | 1 | 钢直尺检查 |

(15) 预制构件门框和窗框位置及尺寸允许偏差应符合表5-14规定。

检查数量:根据规定抽查的构件进行全数检查。

检查方法:钢尺、靠尺检查。

表5-14　预制构件门框和窗框安装允许偏差与检查方法

| 项　目 | | 允许偏差/mm | 检查方法 |
|---|---|---|---|
| 门框 | 位置 | ±1.5 | 钢尺检查 |
| | 高、宽 | ±1.5 | 钢尺检查 |
| | 对角线 | ±1.5 | 钢尺检查 |
| | 平整度 | 1.5 | 靠尺检查 |
| 锚固脚片 | 中心线位置 | 5 | 钢尺检查 |
| | 外露长度 | +5,0 | 钢尺检查 |

预制构件出模后应及时对其外观质量进行全数目测检查。预制构件外观质量不应有缺陷,对已经出现的严重缺陷应制定技术处理方案进行处理并重新检验,对出现的一般缺陷应进行修整并达到合格。预制构件不应有影响结构性能、安装和使用功能的尺寸偏差。对超过尺寸允许偏差且影响结构性能和安装、使用功能的部位应经原设计单位认可,制定技术处理方案进行处理,并重新检查验收。预制构件尺寸偏差及预留孔、预留洞、预埋件、预留插筋、键槽的位置应满足表5-15相应限值要求。

表 5-15 预制构件外形尺寸允许偏差及检验方法

| 项目 | | 允许偏差/mm | 检验方法 |
| --- | --- | --- | --- |
| 长度 | 柱 | ±5 | 钢尺检查 |
| | 梁 | ±10 | |
| | 楼板 | ±5 | |
| | 内墙板 | ±5 | |
| | 外叶墙板 | ±3 | |
| | 楼梯板 | ±5 | |
| 宽度 | | ±5 | 钢尺检查 |
| 高(厚)度 | | ±3 | 钢尺检查 |
| 对角线差值 | 柱 | 5 | 钢尺检查 |
| | 梁 | 5 | |
| | 外墙板 | 5 | |
| | 楼梯板 | 10 | |
| 表面平整度、扭曲、弯曲 | | 5 | 2m 靠尺和塞尺检查 |
| 预留洞 | 中心线位置 | 10 | 尺量检查 |
| | 洞口尺寸、深度 | ±10 | |
| 挠度变形 | 梁、板、桁架设计起拱 | ±10 | 拉线、钢尺量最大弯曲处 |
| | 梁、板、桁架下垂 | 0 | |
| 预留孔 | 中心线位置 | 5 | 尺量检查 |
| | 孔尺寸 | ±5 | |
| 门窗口 | 中心线位置 | 5 | 尺量检查 |
| | 宽度、高度 | ±3 | |
| 预埋件 | 预埋件锚板中心线位置 | 5 | 尺量检查 |
| | 预埋件锚板与混凝土面平面高差 | 0,−5 | |
| | 预埋螺栓中心线位置 | 2 | |
| | 预埋螺栓外露长度 | 0,−5 | |
| | 预埋套筒、螺母中心线位置 | 10,−5 | |
| | 预埋套筒、螺栓与混凝土面平面高差 | 2 | |
| | 线管、电盒、木砖、吊环与构件表面的中心线位置偏差 | 3 | |
| 预留钢筋 | 线管、电盒、木砖、吊环与构件表面混凝土高差 | | |
| 键槽 | 中心线位置 | 3 | |
| 构件边长翘曲 | 外露长度 | +5,−5 | |
| | 柱、梁、墙板 | 5 | |
| | 楼板、楼梯 | ±5 | |

### 5.2.2 预制结构吊装质量验收

装配式混凝土结构工程施工前，施工单位应编制装配式混凝土结构工程施工方案，并经监理(建设)单位审查批准。施工单位应对施工作业的人员进行技术交底和必要的操作培训。在起重和安装专项施工方案中，在吊装、运输工况下应进行构件起重和安装验算，并符合设计要求。安装专项施工方案除按《建筑施工组织设计规范》(GB 50502—2009)相关规定编制外，具体要求应符合相应规范规定。

吊装、运输工况下使用的吊架、吊索、卡具、撑杆、起重设备等，应符合国家现行相关标准的有关规定。自制、改制、修复和新购置的吊架、吊索、卡具、撑杆、起重设备，应按国家现行相关标准的有关规定，进行设计验算或试验检验，并经专业监理工程师认定合格后方可投入使用。

1. 安装准备

构件起重和安装专项施工方案应经施工单位技术负责人、总监理工程师签字后实施。预制构件正式施工前，宜选择有代表性的单元或部件进行预制构件试生产和试安装，并根据试验结果及时调整与完善施工方案，确定分段施工的循环流程。构件安装前，应检查构件装配连接构造详图，包括构件的装配位置、节点连接详细构造及临时支撑设计计算校核等。

构件安装前，应检验已施工结束的现浇结构质量，并根据深化设计图纸参数，在预制构件和已施工结束的现浇结构上进行测量放线，并做好安装定位标志。预制构件、连接材料及配件应按标准规定进行进场检验，未经检验或不合格的产品不得使用。

安装施工时，预制构件安装应按施工方案要求的顺序进行吊装。吊装就位后，应同步进行临时支撑及临时固定。预制构件临时固定后，应及时测量、校验，并经调整正确后固定。需要传递荷载的构件，其连接部位承载力应达到设计要求方可拆除支撑系统。在预制构件的装配节点处施工，应根据构件设计要求和施工方案的规定进行流水施工。节点连接部位的零星混凝土工程施工，应达到清水级质量要求，并符合下列要求：

(1) 采用正品优质竹胶板或组合钢模板，混凝土浇筑时不宜产生较大变形，且模板周转次数不宜过多；

(2) 在浇筑混凝土前，应对结合部进行机械和人工清洁，对模板和混凝土界面应进行洒水湿润；

(3) 浇筑混凝土前规定时间内，应采用专用界面剂处理混凝土界面。连接部位的混凝土施工应一次性浇筑，模板的缝隙间不得漏浆。

预制构件相互连接或与现浇结构连接，当采用焊接或螺栓连接时，应按设计要求或钢结构有关规范规定，进行施工检查和质量控制，并做好露明铁件的防腐和防火处理。预制构件采用套筒灌浆连接或钢筋间接搭接时，应制定专项施工技术质量保证措施和工艺操作规程。

灌浆操作应由经培训合格的专业人员实施，必要时按相关要求制作试件进行检测验证。当采用套筒灌浆施工时，应满足以下要求：

(1) 在灌浆施工前，应对填充部分进行机械和人工清洁；并保证其湿润后和充填过程中，内部不能发生堵塞；

(2) 灌浆施工应确保所应填充部分充分密实填充，不得遗漏；

(3) 灌浆试验的方法和检查应根据表 5-16 进行。

表 5-16 灌浆试验的方法和检查

| 项　　目 | 试验方法 | 次　　数 | 判断标准 |
|---|---|---|---|
| 种类、厂家、生产时间 | 确认包装袋上的时间 | 全数 | 不超过使用期限 |
| 使用水量 | 根据配合比和施工记录 | 在搅拌时,全数 | 根据设计 |
| 温度 | 温度计 | 第一次 | 根据设计 |
| 流动度 | 根据设计 | 第一次 | 根据设计 |
| 压缩强度 | 根据设计,养护按照现场水中养护 | 灌浆开始前或是材料更换时 | 根据设计 |
| 填充度 | 目测 | 每次灌浆时 | 能够确认密实填充 |

连接部位的钢筋连接或锚固,应满足深化设计要求和相关规范的规定。采用焊接连接时,应采用间断施焊,预制构件及连接部位不得开裂。外墙板接缝处预留保温层应连续无损,弹性连接时,严禁在墙板拼缝内放置硬质刚性垫块。外墙板密封施工前,密封材料应按深化设计要求的性能指标进行合格验证。操作者应具备经行业专项培训认可的操作资格。楼板的装配施工应符合下列规定。

(1) 预制楼板、叠合板等板类的支撑应根据深化设计要求或施工方案规定设置。支撑处标高除应符合深化设计要求外,尚应考虑支承系统本身在施工荷载作用下的变形。

(2) 施工荷载应符合深化设计要求,并应避免单个预制楼板承受较大的集中荷载。未经设计单位认可,施工单位不得对预制楼板进行切割、开洞。

(3) 叠合构件后浇混凝土层施工前,应按设计要求检查结合面粗糙度,对外露的抗剪钢筋应检查并纠偏。

(4) 叠合构件中后浇混凝土强度达到设计要求后,方可拆除支撑及承担施工荷载。

### 2. 质量检验

现场装配施工前,监理人员应检查预制构件的准用证、配套材料、连接件的质量证明文件,并按检验批数进行见证取样送检。装配式混凝土结构施工过程,连接节点应按检验批逐个进行隐蔽工程检验,并按要求填写施工检查记录。监理人员应进行旁站监理。

装配式混凝土结构施工的外观质量检查,应按表 5-17 的规定执行;对有装饰或保温要求的装配式混凝土结构,尚应满足有关建筑装饰和节能标准要求。现场装配式混凝土结构的施工允许偏差应符合表 5-18 的要求。

表 5-17 构件观感质量判定方法

| 项目 | 现　　象 | 质量要求 | 判定方法 |
|---|---|---|---|
| 露筋 | 钢筋未被混凝土完全包裹而外露 | 受力主筋不应有,其他构造钢筋和箍筋允许少量 | 观察 |
| 蜂窝 | 混凝土表面石子外露 | 受力主筋部位和支撑点位置不应有,其他部位允许少量 | 观察 |

续表

| 项目 | 现　　象 | 质量要求 | 判定方法 |
|---|---|---|---|
| 孔洞 | 混凝土中孔穴深度和长度超过保护层厚度 | 不应有 | 观察 |
| 夹渣 | 混凝土中夹有杂物且深度超过保护层厚度 | 禁止夹渣 | 观察 |
| 外形缺陷 | 内表面缺棱掉角、表面翘曲、抹面凹凸不平、外表面面砖黏结不牢、位置偏差、面砖嵌缝没有达到横平竖直,转角面砖棱角不直、面砖表面翘曲不平 | 内表面缺陷基本不允许,要求达到预制构件允许偏差;外表面仅允许极少量缺陷,但禁止面砖黏结不牢,位置偏差、面砖翘曲不平不得超过允许值 | 观察 |
| 外表缺陷 | 内表面麻面、起砂、掉皮、污染外表面面砖污染、窗框保护纸破坏 | 允许少量污染等不影响结构使用功能和结构尺寸的缺陷 | 观察 |
| 连接部位缺陷 | 连接处混凝土缺陷及连接钢筋、连接件松动 | 不应有 | 观察 |
| 破损 | 影响外观 | 影响结构性能的破损不应有,不影响结构性能和使用功能的破损不宜有 | 观察 |
| 裂缝 | 裂缝贯穿保护层到达构件内部 | 影响结构性能的裂缝不应有,不影响结构性能和使用功能的裂缝不宜有 | 观察 |

表 5-18　装配式混凝土结构施工的允许偏差要求

| 检查项目 | | 允许偏差/mm |
|---|---|---|
| 柱、墙等竖向结构构件 | 标高 | ±5 |
| | 中心位移 | 5 |
| | 倾斜 | 1/500 |
| 梁、楼板等水平构件 | 中心位移 | 5 |
| | 标高 | ±5 |
| 外墙挂板 | 板缝宽度 | ±5 |
| | 通贯缝直线度 | 5 |
| | 接缝高差 | 3 |

外墙板拼缝应进行防水性能抽检,并做淋水试验。每栋房屋的每面墙体不少于10%的拼缝,且不少于一条缝。淋水试验宜在屋檐下1.0m宽范围内连续形成水幕进行淋水30min。

装配式混凝土建筑施工宜采用工具化、标准化的工装系统。装配式混凝土建筑施工前,宜选择有代表性的单元进行预制构件试安装,并应根据试安装结果及时调整施工工艺、完善施工方案。预制构件经检验合格后打上构件标识和二维码，进行成品入库，并制作构件合格证，吊装架试安装。

### 5.2.3 现浇混凝土工程质量验收

现浇混凝土施工前一周，由混凝土搅拌站将现浇混凝土配合比送交总包单位审核，并提请监理方审查，审查合格后方能组织生产。为保证混凝土质量，混凝土浇捣主管人员要明确每次浇捣混凝土的级配、方量，以便混凝土搅拌站能严格控制混凝土原材料的质量，并备足原材料。严格把好原材料质量关，水泥、碎石、砂及外掺剂等均要达到国家规范规定的标准，及时与混凝土供应单位沟通信息。

对不同混凝土浇捣，采用先浇捣墙、柱混凝土，后浇捣梁、板混凝土，并保证在墙、柱混凝土初凝前完成梁、板混凝土的覆盖浇捣。混凝土配制采用缓凝技术，入模缓凝时间控制在6h。对高低标号混凝土用同品种水泥和外掺剂。保证交接面质量。及时了解天气动向，浇捣混凝土需连续施工时应尽量避免大雨天。

施工现场应准备足够数量的防雨物资(如塑料薄膜、油布、雨衣等)。如果混凝土施工过程中下雨，应及时遮蔽，雨后应及时做好面层的处理工作。混凝土浇捣前，施工现场应先做好各项准备工作，机械设备、照明设备等应事先检查，保证完好，符合要求；模板内的垃圾和杂物要清理干净，木模部位要隔夜浇水保湿；搭设硬管支架，着重做好加固工作；做好交通、环保等对外协调工作，确定行车路线；制定浇捣期间的后勤保障措施。由项目经理牵头组成现场临时指挥小组。实行搅拌站、搅拌车与泵车相对固定，定点布料。现场设一名搅拌车指挥总调度。

若工程项目处于市中心，因道路状况的限制，车辆可设立蓄车点。为了加强现场与搅拌站之间的联系，搅拌站应派遣驻场代表，发现问题及时解决。混凝土搅拌车进场后，应把好混凝土质量关。按规定检查坍落度、和易性，对于不合格者严格予以退回。混凝土浇捣前各部位的钢筋、埋件插筋和预留洞，必须由有关人员验收合格后方可进行浇捣。为确保施工顺利进行，避免出现意外情况，必须注意以下要点。

(1) 确保工地用电、用水。

(2) 混凝土浇捣时严格控制现场搅拌车混凝土坍落度，不合格的退回。到现场的搅拌车不得加水。

(3) 现场大门口要有管理人员核对每辆搅拌车进场收货单，以确认混凝土的级配和方量。

(4) 现场大门口要有管理人员对每辆搅拌车和路面冲洗、清扫，防止拖泥带水影响市容。

每台泵由专人在施工面上统一指挥，控制好泵车的速度，合理供料。每台泵配备4根振捣棒。混凝土养护工作：已浇捣的混凝土强度未达到1.2N/mm$^2$以前，在通道口设置警戒区，严禁在其表面踩踏或安装模板、钢筋和排架；对已浇捣完毕的混凝土，在12h以内(即混凝土终凝后)即派人浇水养护，浇水次数应能使混凝土处于润湿状态，当气温大于30℃时适当增加浇水次数，当气温低于5℃时，不要浇水。

为保护产品质量，在混凝土施工后应注意做好以下保护措施。

（1）在混凝土施工完毕后，在混凝土墙板、柱或构件等部位应搭设临时防护，确保混凝土墙板、柱构件等不被破坏。

（2）在混凝土墙板、柱或构件等部位表面严禁刻画或涂写，确保墙板、柱或构件等表面清洁干净。

（3）必须在混凝土表面做标记时，应经过主管人员同意，并在指定部位进行。

混凝土浇筑前，应逐项对模具、钢筋、钢筋网、钢筋骨架、连接套管、连接件、预埋件、吊具、预留孔洞、混凝土保护层厚度等进行检查验收，并做好隐蔽工程记录。混凝土工作性能应根据产品类别和生产工艺要求确定，混凝土浇筑时，应采用机械振捣成型方式。预制构件与现浇混凝土结合面的粗糙度宜采用机械处理，也可采用化学处理。

### 5.2.4　装配式混凝土工程验收

1. 装配式混凝土工程验收一般规定

（1）分项工程可由一个或若干检验批组成，检验批可根据装配式混凝土结构施工特性、后续施工安排和相关专业验收需要，按楼层、施工段、变形缝等进行划分。

（2）分项工程验收，符合相关规范的规定时，可以替代子分部工程验收。

（3）分段验收应在主体结构工程验收前进行，分段验收应按实体检验和检验批验收进行，并按主控项目和一般项目进行验收。

（4）施工单位检验评定合格后，交由建设单位组织施工、设计、监理等单位进行分段工程验收。

（5）段内全部子分部工程和外墙板安装验收合格且结构实体检验合格，可认定主体分部工程验收合格。

（6）子分部未经分段验收合格，不得进行全装修等施工。

2. 结构实体验收

（1）主体结构工程分段验收前，应进行结构实体检验。结构实体检验应在监理工程师的见证下，由施工单位技术负责人组织实施。

（2）结构实体检验应包括构件结构性能和构件连接性能的检验。构件结构性能检验报告应按规定由构件厂提交施工总承包单位，并由专业监理工程师审查备案。

（3）构件连接性能检验应进行以下项目检测：

① 叠合部位和连接部位的钢筋直径、间距和混凝土保护层厚度；

② 叠合部位和连接部位的后浇混凝土强度；

③ 钢筋套筒连接的灌注浆体强度；

④ 构件接缝部位灌注浆体强度。

（4）对预制构件的混凝土、叠合梁、叠合板后浇混凝土和灌注浆体的强度检验，应以在浇筑地点制备并与结构实体同条件养护的试件强度为依据。混凝土强度检验用同条件养护试件的留置、养护和强度代表值应按《混凝土结构工程施工质量验收规范》(GB 50204—2015)附录D的规定进行，也可按国家现行标准规定采用非破损或局部破损的检测方法检测。

（5）构件连接性能检验应执行监理旁站检验方法，并进行隐蔽工程验收。

（6）当未能取得同条件养护试件强度或同条件养护试件强度被判为不合格，应委托具有相应资质等级的检测机构按国家有关标准的规定进行检测。

3. 分项工程验收

(1) 当符合下列规定时,分预工程质量评定为合格:

① 主控项目全部合格;

② 一般项目经检验合格,无影响结构构件安全、施工安装和使用要求的缺陷;

③ 一般项目中的允许偏差项目合格率不低于80%,允许偏差不影响结构构件安全、施工安装和正常使用。

(2) 装配式混凝土结构分项工程验收应提交下列资料:

① 施工图和预制构件深化设计图、设计变更文件;

② 装配式混凝土结构工程施工所用各种材料、连接件及预制混凝土构件的产品合格证书、性能测试报告、进场验收记录和复试报告;

③ 装配式结构实体检验报告;

④ 分项工程验收记录。

## 5.3 工程验收资料

### 5.3.1 装配式混凝土结构验收资料

根据《混凝土结构工程施工质量验收规范》(GB 50204—2015)规定,装配式混凝土结构工程项目验收资料与文件如下:

(1) 工程项目设计变更文件;

(2) 原材料质量证明文件和抽样检验报告;

(3) 预拌混凝土的质量证明文件;

(4) 混凝土、灌浆料试件的性能检验报告;

(5) 钢筋接头的试验报告;

(6) 预制构件的质量证明文件和安装验收记录;

(7) 预应力筋用锚具、连接器的质量证明文件和抽样检验报告;

(8) 预应力筋安装、张拉的检验记录;

(9) 钢筋套筒灌浆连接及预应力孔道灌浆记录;

(10) 隐蔽工程验收记录;

(11) 混凝土工程施工记录;

(12) 混凝土试件的试验报告;

(13) 分项工程验收记录;

(14) 结构实体检验记录;

(15) 工程的重大质量问题的处理方案和验收记录;

(16) 其他必要的文件和记录。

### 5.3.2 混凝土结构分部工程验收资料

混凝土结构分部工程验收时,除应符合现行国家标准《混凝土结构工程施工质量验收规范》(GB 50204—2015)的有关规定提供文件和记录外，尚应提供下列文件和记录：

(1) 工程设计文件、预制构件安装施工图和加工制作详图；

(2) 预制构件、主要材料及配件的质量证明文件、进场验收记录、抽样复验报告；

(3) 预制构件安装施工记录；

(4) 钢筋套筒灌浆型式检验报告、工艺检验报告和施工检验记录，浆锚搭接连接的施工检验记录；

(5) 后浇混凝土部位的隐蔽工程检查验收文件；

(6) 后浇混凝土、灌浆料、坐浆材料强度检测报告；

(7) 外墙防水施工质量检验记录；

(8) 装配式结构分项工程质量验收文件；

(9) 装配式工程的重大质量问题的处理方案和验收记录；

(10) 装配式工程的其他文件和记录。

## 5.4　常见质量问题及处理措施

### 5.4.1　平板制作安装问题

平板制作安装常见问题包括以下几种。

#### 1. 转角板折断

转角板在运输吊装过程中转角位置易折断；加工过程中板间角度易产生偏差；与现浇部位连接时产生裂缝。转角板是维护预制装配式建筑整体框架稳定性的重要构件，因其具有厚度薄、体积大、转角处易折断的特点，所以在构件运输、现场吊装过程中都可能造成转角板的破坏。造成其破坏的原因主要有吊装时转角板两边内折发生破坏；生产时养护不当易产生转角处角度的变化；施工时需要部分现浇以增加预制装配式建筑整体性，预支模板不能很好地与预制部位连接，经常出现胀模与振捣不彻底现象。

#### 2. 叠合板断裂

叠合板在运输吊装过程中板面经常发生龟裂甚至断裂现象；生产加工时板面经常翘曲、缺角或断角、桁架筋外露或预埋件脱落。其主要原因是部分叠合板跨度过大，运输过程中板间挤压，或者吊装时因挠度过大产生裂纹，裂缝延伸至整块板，导致构件破坏；生产时构件养护不当造成叠合板板面翘曲，脱模时脱模剂粉刷不均匀、少刷、漏刷等情况造成叠合板板边黏膜；加工时操作漏洞导致叠合板面桁架筋外露或者预埋件脱落，从而影响后续工作的进行。

平板制作安装常见问题处理措施如下。

(1)转角板吊具预制装配式建筑转角板在运输以及吊装过程中经常容易折断。针对平板制作安装的问题，建议在吊装时，可以采用 L 形吊具，在吊装时将转角板受到的拉力转移到 L 形吊具上，从而降低转角板的损坏率。

(2) 平板运输过程中角易损坏，建议根据构件薄厚尺寸规格，制作塑料或者橡胶材质的护角。护角可在构件厂保护或者运输的时候套入构件中，安装之前可卸下来重复使用，这样可以大大减少平板的损坏。另外，在平板运输过程中可以采用“增大间距，少量多次”

的方法；平板在运输时增大平板之间的距离，尽量选择平坦的运输道路，增加运输次数，以保证平板不被折断。

（3）减小叠合板制作跨度。叠合板在吊装过程中经常会因为跨度过大而断裂。为了解决此问题，可以事先与设计单位沟通，建议设计单位在进行构件设计时尽量将叠合板跨度控制在板的挠度范围内，以减少现场吊装过程中叠合板的损坏。

（4）吊装桁架筋叠合板，吊装预埋件经常脱落也是在现场施工中经常遇到的问题。建议在吊装预埋件周围加固或者直接吊装叠合板桁架筋，这样不仅可以节省吊装预埋件，使叠合板的吊装安全有了保障，也可以根据现场情况灵活改变吊装点的位置。

### 5.4.2 预制构件连接问题

#### 1. 灌浆不饱满

预制墙板在纵向连接时灌浆饱满程度难以确定，预制构件灌浆孔堵塞。一般认为，从下部灌注的混凝土从上部孔洞流出即为灌浆完成，但实际上灌浆管内部情况难以检验，灌浆饱满度难以把握，目前在技术上还难以攻克这一难题。另外，构件厂进行构件生产时工人操作不细心及现场的工人对灌浆孔的清洗不干净等都会造成灌浆孔堵塞。

#### 2. 套筒连接错位

构件套筒连接时钢筋与预制套筒位置经常产生错位偏移。这种偏移分两种：第一种是部分偏移，这种情况下钢筋勉强可以插进孔洞；第二种是完全偏移，这种情况只能重新加工构件。产生这种现象的原因主要是套筒孔径本身较小，在生产构件时由于机器或者人为因素造成加工位置或尺寸不精密。施工现场面对这种情况经常切断或弯折有偏差的钢筋，或者在钢筋的对应孔洞现场钻孔将钢筋插入。无论是采取哪种方式，都与原设计不符，工程的质量都会下降，都会为预制装配式建筑的工程质量埋下安全隐患。

#### 3. 管线及构件埋设的问题

构件预埋管线堵塞、脱落，预埋构件位置偏移；施工现场穿线时遇障碍。这主要是由于构件生产时预埋管线没有很好地连接，在振捣台振捣时使部分混凝土进入预埋管造成管线堵塞；管线及构件没有很好地固定，在振捣过程中发生脱落或偏移等现象，影响后续使用。另外，由于水电管线均在加工厂预埋完成后在现场对应位置组装，在组装过程中没有很好地考虑转角等弧度问题，在现场预埋电线管经常出现 90°直角，造成现场穿线困难。

#### 4. 预制构件成品保护的问题

施工现场预制构件存放不当造成构件的损坏。这主要是由于现场缺乏专门对构件进行管理的人员和制度，并且在很多预制装配式施工现场，预制构件生产厂的生产速度不能很好地和现场施工的流水作业时间搭接，工程经常短时间停工；有些预制构件生产厂为了满足施工现场流水作业过早生产了大批量预制构件，造成构件堆放时间过长，长时间暴露在空气中被氧化，钢筋锈蚀，从而影响工程质量。

#### 5. 预制钢筋与现场钢筋孔洞对位问题

对位问题是预制装配式建筑现场施工的重点及难点。建议在满足规范要求的前提下，适当增大钢筋对位孔洞，这样可以使对位钢筋的入孔率增加，从而使钢筋的纵向整体性增强，有效连接增加；或者增加现场施工与构件加工厂的沟通，提高构件加工厂生产准确性及现场钢筋绑扎的规范性，减少错误构件的产生。

6. 振捣前固定预埋构件

接线盒在墙板混凝土振捣过程中的错位问题也是经常发生的。针对这类问题，可以在混凝土振捣前将接线盒焊接在对应位置上，从而使接线盒很好地固定。也可以生产专门用在预制装配式建筑工程中的接线盒，在接线盒后增加铁丝，振捣前先绑扎在对应位置上，以解决接线盒在振捣时的移位问题。对于预埋水电管线脱落的问题，可以增加振捣前检查、振捣中观察、振捣后复查的环节，这样可以大大减少水电预埋管线脱落的问题，提高成品合格率。

### 5.4.3 预埋线盒位置偏差和移位

预埋线盒偏位，下沉基本要求按《装配式混凝土结构技术规程》(JGJ 1—2014)规定，预埋线管、电盒在构件平面的中心线位置偏差20mm以内，高差0～10mm。典型病害如图5-2所示。

原因分析如下：

(1) 线盒固定不牢靠，混凝土浇筑或振捣时线盒发生移位；

(2) 混凝土振捣碰触线盒。

处理措施如下：

(1) 预制构件上表面预埋线盒底部必须增加支撑；

(2) 混凝土振捣时，要求严禁碰触预埋线盒、线管。

图5-2 预埋线盒下沉和偏位

### 5.4.4 预制混凝土构件表面气孔麻面质量通病

预制混凝土构件外表面气孔数量多、孔径大，呈麻面状，如图5-3所示。

通病产生原因分析如下：

(1) 采用油脂类脱模剂，导致混凝土浇筑后，多油脂部位易形成气孔；

(2) 模台清理不干净，涂刷脱模剂后，模台表面易形成凸起部位，混凝土浇筑、硬化后，易形成气孔；

（3）混凝土振捣不密实。

预制混凝土构件外表面质量控制要点如下：

（1）采用水性脱模剂或油性脱模剂代替油脂；

（2）脱模剂涂刷前，必须将模台清理干净，钢筋绑扎及预埋工序使用跳板，不允许在涂过脱模剂的模台上行走；

（3）对工人进行混凝土振捣技术交底，并持续一周对振捣工序进行旁站。

（a）预制构件表面裂纹

（b）预制混凝土构件外表面裂纹

图 5-3　构件表面气孔麻面质量通病

## 5.4.5　预制构件到场验收、堆放问题

预制构件现场随意堆放，出现上、下排木方垫块不在一条直线，极容易产生裂缝。常见问题如图 5-4 和图 5-5 所示。预置构件堆放时应满足下列要点：

（1）必须要求堆放场地比较平整，如场地不平，则需调整垫块，保证底层垫块在同一平面，保证底层预制构件摆放平整，受力均匀；

（2）叠合板堆放层数不宜超过 6 层；

（3）板与板之间不能缺少垫块，且竖向垫块需在一条直线上，所有垫块需满足规范要求。

图 5-4　垫块不在一条垂直线上

图 5-5　缺少垫块的构件堆放

### 5.4.6　吊点位置设计不合理问题

现场吊装过程中，产生明显裂缝，预制构件被破坏，如图 5-6 所示。

通病产生原因为预制构件本身设计不合理或吊点设计不合理，如图 5-7 所示。

处理措施如下：

（1）构件设计时对吊点位置进行分析计算，确保吊装安全，吊点合理；

（2）对于漏埋吊点或吊点设计不合理的构件返回工厂进行处理。

图 5-6　吊装过程中产生明显裂缝部位

图 5-7　构件吊点设置不合理

### 5.4.7　预制墙板吊装偏位问题

预制墙体偏位严重时会直接影响工程质量，如图 5-8 和图 5-9 所示。

原因分析如下：

（1）墙体安装时未严格按照控制线进行控制，导致墙体落位后偏位；

（2）构件本身存在一定质量问题，厚度不一致。

处理措施如下：

（1）校正墙体位置；

（2）施工单位加强现场施工管理，避免发生类似问题；

（3）监理单位加强现场检查监督工作。

图 5-8　墙体偏离控制线超过 1cm

图 5-9　两面墙明显错开

### 5.4.8 预制构件管线遗漏与现场预留连接问题

现场发现部分预制构件预埋管缺少、偏位等现象，造成现场安装时需在预制构件凿槽等问题，容易破坏预制构件，如图 5-10 和图 5-11 所示。

原因分析如下：

(1) 构件加工过程中预埋管件遗漏；

(2) 管线安装未按图施工。

处理措施：加强管理，预埋管线必须按图施工，不得遗漏，在浇筑混凝土前加强检查。

图 5-10 缺少预制构件预埋管线

图 5-11 预埋管线严重偏位

### 5.4.9 预制构件灌浆不密实问题

通病原因分析如下：

(1) 灌浆料配置不合理；

(2) 波纹管干燥；

(3) 灌浆管道不畅通、嵌缝不密实造成漏浆，如图 5-12 所示；

(4) 操作人员粗心大意未灌满，如图 5-13 所示。

图 5-12 外墙灌缝处

图 5-13 现场灌浆质量情况

预防措施如下：

(1) 严格按照说明书的配比及放料顺序进行配制，搅拌方法及搅拌时间根据说明书进行控制；

(2) 构件吊装前应仔细检查注浆管、拼缝是否通畅，灌浆前半小时可适当洒少量水对灌浆管进行湿润，但不得有积水；

(3) 使用压力注浆机，一块构件中的灌浆孔应一次连续灌满，并在灌浆料终凝前将灌浆孔表面压实抹平；

(4) 灌浆料搅拌完成后保证 30min 以内将料用完；

(5) 加强对操作人员的培训与管理工作，增强操作人员的施工质量意识；

(6) 灌浆料检查，注浆完成后及时封堵。

## 5.4.10 预制构件钢筋偏位问题

通病原因分析如下：

(1) 楼面混凝土浇筑前竖向钢筋未限位和固定；

(2) 楼面混凝土浇筑、振捣使得竖向钢筋偏移。

预防措施如下：

(1) 根据构件编号用钢筋定位框进行限位，适当采用撑筋撑住钢筋框，以保证钢筋位置准确；

(2) 混凝土浇筑完毕后，根据插筋平面布置图及现场构件边线或控制线，对预留插筋进行现场预留墙柱构件插筋进行中心位置复核，如图 5-14 和图 5-15 所示，对中心位置偏差超过 10mm 的插筋应根据图纸进行适当的校正。

图 5-14 钢筋偏出约 3cm

图 5-15 钢筋偏出约 4cm

## 5.4.11 钢筋连接问题

现浇节点处钢筋连接存在套筒接头处未拧紧、搭接流于形式、钢筋严重弯折等问题，给结构安全带来隐患，如图 5-16 和图 5-17 所示。

通病原因分析如下：

(1) 钢筋套筒连接时工人操作不到位；

(2) 现场监督管理不到位。

处理措施如下：

（1）钢筋套筒接头在平台混凝土浇筑时加强保护措施，避免造成上面有杂物；

（2）钢筋连接时工人应采取清洗、涂油等措施，保证套筒连接质量符合规范要求；

（3）管理人员需加强现场管理，对每个套筒连接处加强检查，监理做好旁站工作，工程部认真复检，发现问题及时整改。

图 5-16 螺纹连接脱节

图 5-17 预留弯折严重

### 5.4.12 封口砂浆过多问题

楼梯井处外墙水平缝封口砂浆过多，严重影响灌浆质量，如图 5-18 和图 5-19 所示。

通病原因分析如下：

（1）此部位下层预制构件未留企口，导致水平缝隙过大；

（2）施工单位管理失职。

处理措施如下：

（1）重新采取封堵措施，并将处理方案报监理、甲方工程部审核通过后实施；

（2）要求施工单位加强现场管理，严禁封口砂浆过多导致灌浆质量无法保证；

（3）完善 NPC 相关技术规范，对于封口砂浆的厚度、封口砂浆配合比须有明确规定，以便现场检查验收。

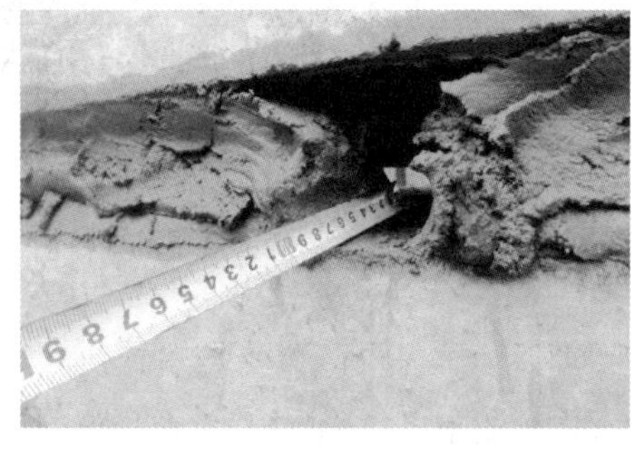

图 5-18 封口砂浆厚度约为 7cm

图 5-19 封口砂浆过厚

### 5.4.13 主筋不在箍筋内问题

节点处墙体主筋不在箍筋内问题给结构安全带来隐患，如图 5-20 所示。

通病原因分析如下：

(1) 主筋偏位；

(2) 预制加工厂预留箍筋长度不足。

处理措施如下：

(1) 采取相应的加强补救措施；

(2) 加强现场施工管理，避免出现钢筋偏位现象；

(3) 将信息及时反馈给加工厂，重新设计箍筋外伸长度，避免再次发生类似问题。

图 5-20 主筋不在箍筋内处

### 5.4.14 叠合板裂缝问题

通病原因分析如下：

(1) 叠合板养护时间不够；

(2) 叠合板尚未达到规定强度。典型病害如图 5-21 所示。

处理措施如下：

(1) 要求施工单位重新更换合格的叠合板，考虑现场进度，可以出具相关专项修补方案报监理、甲方审批通过后进行整改；

(2) 要求施工单位加强现场管理，叠合板必须达到强度的 100%方可进行拆模吊装；

(3) 监理单位加强现场检查监督工作。

图 5-21 叠合板裂缝处

### 5.4.15 标高问题

标高问题主要是标高不对，没有认真检测（从洞口可以看出标高问题）；吊装不规范，存在安全隐患，如图 5-22 所示。

图 5-22 标高不对及吊装不规范

### 5.4.16 未做成品保护

构件安装后未做成品保护，后续施工被污染及破坏，如图 5-23 所示。

图 5-23 构件被污染及破坏

## 5.5 装配式混凝土预制构件进场验收工程案例

### 5.5.1 项目基本信息

本小节同样以江心洲 No. 2015G06 地块工程的 A、B 两个地块为例，介绍装配式混凝土预制构件进场质量验收流程。

### 5.5.2　进场质量验收

配式混凝土预制构件进场质量验收现场如图 5-24 所示，主要内容如下：

（1）构件的出厂合格证、相关质量证明文件及性能检测报告；构件的外观质量（有无明显缺陷）；

（2）构件尺寸偏差；构件吊环、吊钉、内埋式螺母、焊接埋件等的位置和牢靠程度；

（3）构件的预埋件、插筋、格构钢筋、套筒及预留灌浆孔洞的规格、位置和数量是否与设计一致。

图 5-24　进场验收

## 学习笔记

# 参 考 文 献

[1] 范幸义,张勇一,叶昌建,等. 装配式建筑[M]. 重庆:重庆大学出版社,2017.

[2] 刘晓晨,王鑫,李洪涛,等. 装配式混凝土建筑概论[M]. 重庆:重庆大学出版社,2018.

[3] 王鑫,刘晓晨,李洪涛,等. 装配式混凝土建筑施工[M]. 重庆:重庆大学出版社,2018.

[4] 郭正兴,朱张峰,管东芝. 装配整体式混凝土结构研究与应用[M]. 南京:东南大学出版社,2018.

[5] 长沙远大教育科技有限公司,湖南城建职业技术学院. 装配式混凝土建筑施工技术[M]. 长沙:中南大学出版社,2019.

[6] 王翔. 装配式混凝土结构建筑现场施工细节详解[M]. 北京:化学工业出版社,2019.

[7] 住房和城乡建设部住宅产业化促进中心. 大力推广装配式建筑必读:制度·政策·国内外发展[M]. 北京:中国建筑工业出版社,2016.

附录　构配件一览表